高职高专"十三五"规划教材

计算机应用基础实践指导
（2016 版）

程 雷 主 编

张黎豪 黄 瑛 杨 飞 杨 欣 副主编

中国铁道出版社有限公司
CHINA RAILWAY PUBLISHING HOUSE CO., LTD.

内 容 简 介

本书是《计算机应用基础（2016 版）》的配套实践指导教材，并根据上海市教育委员会沪教委高〔2013〕17 号文件的要求，结合高职教育的特点和生源的实际情况而编写，充分发挥以考促教的引导作用，调整和推进高职院校计算机基础课程的教学体系和教学改革。本书严格依据上海市高校计算机等级考试（一级）考试大纲的要求，侧重于操作系统、办公软件、图像处理、动画制作和网页设计等方面的实践操作，各项任务的设计也充分考虑了面向未来就业岗位的需求。

本书适合作为高职高专院校计算机应用基础的实践指导教材，也可作为计算机爱好者的参考用书。

图书在版编目（CIP）数据

计算机应用基础实践指导：2016 版 / 程雷主编. —北京：
中国铁道出版社，2016.9（2020.7 重印）
高职高专"十三五"规划教材
ISBN 978-7-113-22351-9

Ⅰ. ①计… Ⅱ. ①程… Ⅲ. ①电子计算机－高等职业
教育－教材 Ⅳ. ①TP3

中国版本图书馆 CIP 数据核字（2016）第 222518 号

书　　名：计算机应用基础实践指导（2016 版）	
作　　者：程　雷	

策　　划：曹莉群	读者热线：（010）51873090
责任编辑：曹莉群　吴　楠	
封面设计：刘　颖	
封面制作：白　雪	
责任校对：王　杰	
责任印制：樊启鹏	

出版发行：中国铁道出版社有限公司（100054，北京市西城区右安门西街 8 号）
网　　址：http://www.tdpress.com/51eds/
印　　刷：三河市宏盛印务有限公司
版　　次：2016 年 9 月第 1 版　2020 年 7 月第 6 次印刷
开　　本：787 mm×1 092 mm　1/16　印张：13.75　字数：334 千
书　　号：ISBN 978-7-113-22351-9
定　　价：36.00 元

目前我们已经步入了互联网和大数据时代，随着计算机硬件性能的不断提高、软件技术的不断升级，尤其是数据通信网络的迅猛发展，各项计算机技术的应用能力越来越得到各行各业的重视，并已渗透到社会生活的各个领域，极大地影响着人们的学习、工作和生活。

为了提高当前高职高专在校学生的计算机应用基础的实践技能，适应当今信息技术的迅猛发展，并结合上海市教育委员会于 2015 年重新修订的《上海市高校学生计算机等级考试（一级）大纲》（2016 年又进行了修订，详见附录 A），经过多方调研和论证，在原来 2013 年编写的《计算机应用基础教程》的基础上，根据当前高职高专学生的特点以及用人单位的需求，我们重新组织了教研室多位教学一线的老师，充分总结他们的教学实践经验，结合新的考纲和新的发展趋势进行新版教材的编写。

本教材立足于新大纲，面向高职高专的学生，目的是要让学生不仅了解相关技术的理论基础、实际应用和发展趋势，同时强调"理论够用、突出实用、达到会用"的原则，着力解决当前高职教学中存在的"内容多、学时少、理论多、应用少"等矛盾，坚持以服务为宗旨，以就业为导向，侧重于技能的培养。

全书共分三大部分：第一部分是上机实训指导，主要针对操作系统的基本使用，Microsoft Office 办公软件的应用、Photoshop 图像处理、Flash 动画制作和 Dreamweaver 网页设计等方面的上机实践；第二部分是应试技能指导，一方面根据教材内容结合上海市高校计算机一级考试的考试大纲有针对性地收集和整理了较为全面的理论基础题和上机综合实践操作，另一方面根据上海市高校计算机一级考试的要求，收集、归纳和调整了 4 套试题，可作为考前模拟练习；最后一部分是附录，提供了上海市高校计算机等级考试（一级）考试大纲（2016 年修订）、各章理论基础题和模拟试题的答案。操作实践中所涉及的素材，可通过 chenglei1023@163.com 索取。

本书由程雷任主编，由张黎豪、黄瑛、杨飞、杨欣任副主编，其中，第一部分主要由程雷、张黎豪、黄瑛编写；第二部分由程雷、杨飞、杨欣编写；第三部分由程雷编写，全书由程雷统稿。在整个编写过程中，得到了王申、金艺、李向明、游婷、任晓康等老师的大力支持和配合，同时也得到了上海工商职业技术学院领导和相关部门的大力支持，在此一并表示感谢！

由于水平和经验的不足，教材中难免存在疏漏和不足之处，欢迎读者批评指正。

编　者
2016 年 8 月

目 录

第一部分　上机实训指导

第二部分　应试技能指导

第三部分　附　　录

第一部分
上机实训指导

实训①

➡ 操作系统的应用

实训 1.1   操作环境设置

一、实训目的与要求

1. 熟悉并掌握 Windows 7 桌面、"开始"菜单和任务栏的设置。
2. 理解快捷方式，掌握快捷方式的建立和设置。
3. 掌握各类打印机的安装和设置。

二、实训内容

1. 桌面主题设置和桌面工具添加。
2. 设置任务栏属性（包括输入法的添加）。
3. 设置开始菜单的属性和显示内容。
4. 快捷方式的建立和设置。
5. 打印机的安装和设置。

三、实训范例

1. 设置桌面主题为"人物"，设置屏幕保护程序为"照片"，对应实训素材"项目一\任务 1\flower"文件夹中的图片。

操作步骤：

（1）右击桌面空白处，在弹出的快捷菜单中选择"个性化"命令，打开图 1-1-1 所示的"个性化"窗口，在"Aero 主题"中选择"人物"。

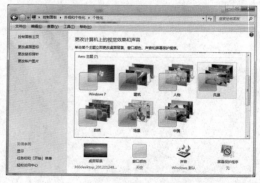

图 1-1-1   "个性化"窗口

注意： 也可以利用"控制面板"窗口中的"外观和个性化"进行更改。

（2）单击该窗口右下方的"屏幕保护程序"按钮，弹出图1-1-2所示的"屏幕保护程序"对话框，在"屏幕保护程序"下拉列表中选择"照片"，再单击"设置"按钮，弹出"照片屏幕保护程序设置"对话框，如图1-1-3所示，单击"浏览"按钮，选择"flower"文件夹，单击"保存"按钮返回上一个对话框，再单击"确定"按钮。

图1-1-2　"屏幕保护程序"对话框

图1-1-3　"照片屏幕保护程序设置"对话框

2. 在桌面上显示"日历""时钟""天气"小工具。

操作步骤：

右击桌面空白处，在弹出的快捷菜单中选择"小工具"命令，打开图1-1-4所示的"小工具"窗口，右击"日历"工具，在弹出的快捷菜单中选择"添加"命令，或者双击"日历"工具也可显示在桌面上。利用同样的方法添加"时钟"和"天气"工具。

图1-1-4　"小工具"窗口

3. 通过设置使得任务栏能自动隐藏、当任务栏被占满时能合并，并且隐藏通知区域的音量图标。

操作步骤：

（1）右击"任务栏"空白处，在弹出的快捷菜单中选择"属性"命令，弹出"任务栏和「开始」菜单属性"对话框，如图1-1-5所示。

实训 1 操作系统的应用

图 1-1-5 "任务栏和「开始」菜单属性"对话框

（2）在"任务栏"选项卡中，勾选"自动隐藏任务栏"复选框，在"任务栏按钮"下拉列表框中选择"当任务栏被占满时合并"选项。

（3）单击"通知区域"选项组中的"自定义"按钮，弹出图 1-1-6 所示"通知区域图标"窗口，在"音量"下拉列表框中选择"隐藏图标与通知"选项，单击"确定"按钮返回。

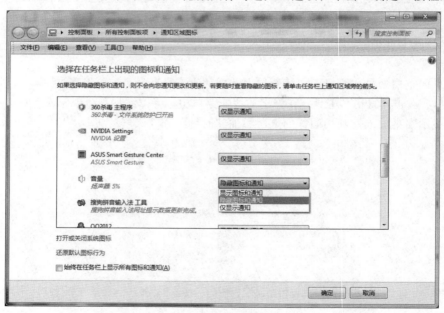

图 1-1-6 "通知区域图标"窗口

4. 删除"微软拼音–新体验 2010"和"微软拼音–简捷 2010"，添加"简体中文全拼输入法"，并使语言栏"悬浮于桌面上"。

（1）单击"开始"按钮，在弹出的"开始"菜单中选择"控制面板"命令，打开"控制面板"窗口，在"时钟、语言和区域"组中单击"更改键盘或其他输入法"超链接，打开图 1-1-7 所示的"区域和语言"对话框。

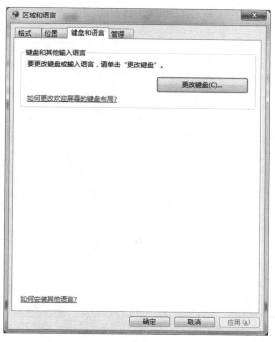

图 1-1-7 "区域和语言"对话框

（2）单击"更改键盘"按钮，弹出"文本服务和输入语言"对话框，在"常规"选项卡的"已安装的服务"选项组中分别选中"微软拼音‒新体验 2010"和"微软拼音‒简捷 2010"选项，单击右侧的"删除"按钮，如图 1-1-8 所示。

图 1-1-8 "文本服务和输入语言"对话框"常规"选项卡

（3）单击"添加"按钮，弹出"添加输入语言"对话框，在列表中勾选"简体中文全拼（版本 6.0）"复选框，单击"确定"按钮，如图 1-1-9 所示。

（4）在"文本服务和输入语言"对话框中选择"语言栏"选项卡，在"语言栏"选项组中选择"悬浮于桌面上"单选按钮，单击"确定"按钮，如图 1-1-10 所示。

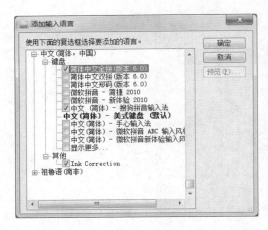
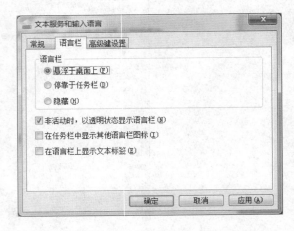

图 1-1-9 "添加输入语言"对话框   图 1-1-10 "文本服务和输入语言"对话框
"语言栏"选项卡

5. 在"开始"菜单中显示"运行命令"，"控制面板"显示为菜单方式。

操作步骤：

（1）右击"任务栏"空白处，在弹出的快捷菜单中选择"属性"命令，弹出"任务栏和「开始」菜单属性"对话框，选择"「开始」菜单"选项卡，如图 1-1-11 所示。

（2）单击"自定义"按钮，弹出"自定义「开始」菜单"对话框，勾选"运行命令"复选框，在"控制面板"选项组中选择"显示为菜单"单选按钮，如图 1-1-12 所示，依次单击"确定"按钮。

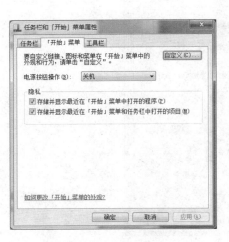
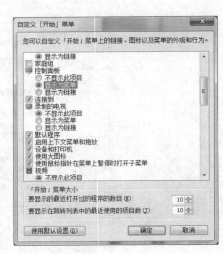

图 1-1-11 "任务栏和「开始」菜单属性"对话框   图 1-1-12 设置「开始」菜单上对象的外观和行为

6. 在桌面上创建一个名为"截图"的快捷方式，利用【Ctrl+Shift+S】组合键启动 Windows 的"截图工具"程序（SnippingTool.exe），且窗口最大化。

操作步骤：

（1）右击桌面空白处，在弹出的快捷菜单中选择"新建"→"快捷方式"命令，弹出"创建快捷方式"对话框，输入"截图工具"程序所对应的程序文件名（SnippingTool.exe），如图1-1-13所示。

图 1-1-13　"创建快捷方式"对话框

（2）单击"下一步"按钮，弹出图1-1-14所示的对话框，输入快捷方式的名称"截图"，单击"完成"按钮，此时在桌面上产生一个名为"截图"的快捷方式图标，如图1-1-15所示。

图 1-1-14　输入快捷方式名称

图 1-1-15　"截图"快捷方式图标

（3）右击桌面上的"截图"快捷方式图标，在弹出的快捷菜单中选择"属性"命令，弹出图1-1-16所示的属性对话框，将插入点定位在"快捷键"文本框中，同时按下【Ctrl+Shift+S】组合键，在"运行方式"下拉列表框中选择"最大化"选项，最后单击"确定"按钮。

7. **安装 HP LaserJet P2015 PCL6 打印机，并设置该打印机的打印方向为横向，纸张尺寸为 16 开（184×260），最后将打印测试页输出到 C:\KS\HP.PRN 文件。**

操作步骤：

（1）单击"开始"按钮，在弹出的"开始"菜单中选择"设备和打印机"命令，打开"设备和打印机"窗口，单击"添加打印机"按钮，弹出"添加打印机"对话框，如图 1-1-17 所示。

（2）在"添加打印机"对话框中选择"选择本地打印机"选项，弹出"选择打印机端口"对话框，在"使用现有的端口"下拉列表中选择"FILE:(打印到文件)"选项，如图 1-1-18 所示。

（3）单击"下一步"按钮，弹出"安装打印机驱动程序"对话框，在"厂商"列表框中选择"HP"，在"打印机"列表框中选择"HP LaserJet P2015 PCL6"型号，如图 1-1-19 所示。

图 1-1-16　快捷方式属性的设置

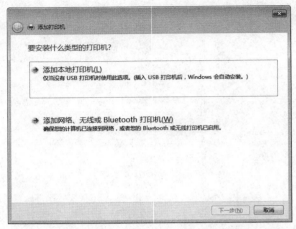

图 1-1-17　"添加打印机"对话框

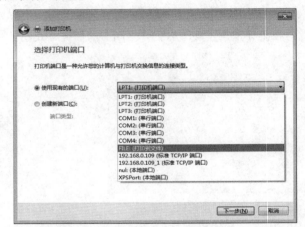

图 1-1-18　选择打印机端口

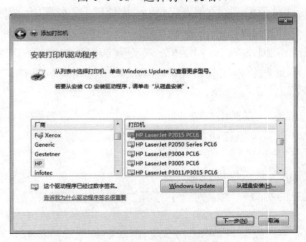

图 1-1-19　选择打印机型号

（4）单击"下一步"按钮，弹出"键入打印机名称"对话框，名称保持默认值，单击"下一步"按钮，弹出"打印机共享"对话框，选择"不共享这台打印机"复选框，单击"下一步"按钮，弹出图1-1-20所示的对话框，单击"完成"按钮。

图1-1-20　是否设置为默认打印机

（5）在"设备和打印机"窗口中，右击"HP LaserJet P2015PCL6"打印机图标，在弹出的快捷菜单中选择"打印机属性"命令，弹出图1-1-21所示的对话框。

（6）单击"首选项"按钮，弹出图1-1-22所示的"打印机首选项"对话框，选择"纸张/质量"选项卡，在"纸张选项"选项组的"尺寸"下拉列表框中选择"16开"；选择"完成"选项卡，"方向"选择"横向"打印，单击"确定"按钮。

图1-1-21　设置打印机属性

图1-1-22　"打印机首选项"对话框

（7）在"HP LaserJet P2015PCL6属性"对话框中单击"打印测试页"按钮，弹出图1-1-23所示的"打印到文件"对话框，输入文件名"C:\KS\HP.PRN"，单击"确定"按钮。

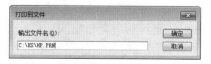

图1-1-23　"打印到文件"对话框

四、实训拓展

（1）设置桌面主题为"人物"，窗口颜色为"大海"；并要求在 5 min 内不进行任何操作，屏幕将出现三维文字"上海工商职业技术学院"的屏幕保护程序。

（2）在桌面上建立一个名为 mysound 的快捷方式，指向 Windows 7 的系统文件夹中的应用程序 SoundRecorder.exe，指定其运行方式为最小化，并指定快捷键为【Ctrl+Shift+S】。

（3）在桌面上创建 Windows "写字板"的快捷方式，名称为"WRITE"，运行方式为"最大化"。

（4）在桌面上为 Windows 7 "库"中的"文档"文件夹创建一个快捷方式。

（5）任务栏上使用小图标，并使任务栏调整到屏幕的右边。

（6）通过设置使"开始"菜单使用小图标，并显示"网络"命令，而隐藏"游戏"命令。

（7）添加"微软拼音–新体验"输入法，删除郑码输入法，并使语言栏在非活动时以透明状态显示。

（8）安装 Canon Inkjet MP520 series 打印机，并设置该打印机的打印方向为横向，灰度打印、颜色管理为手动，纸张大小为 B5，最后将"项目一\任务 1\test.txt"文件打印输出到 Cs.prn 文件，存放在"C:\KS"文件夹中。

实训 1.2　文件资料管理

一、实训目的与要求

1. 掌握 Windows 7 资源管理器的基本使用方法，了解文件和文件夹显示方式的调整方法。
2. 熟练掌握文件和文件夹的基本操作。
3. 掌握 Windows 常用工具软件和压缩软件的使用方法。
4. 了解 Windows 帮助系统的使用方法。

二、实训内容

1. 文件和文件夹显示方式的调整。
2. 文件和文件夹的基本操作。
3. 利用剪贴板、记事本、写字板、画图、计算器、压缩软件等工具进行文件管理。
4. Windows 帮助系统的使用。

三、实训范例

1. 利用"Windows 资源管理器"窗口，先后选用"查看"菜单中的相关菜单命令来调整"C:\用户\公用\公用图片\示例图片"文件夹中文件的显示方式和排序方式，并使该文件夹能显示所有文件和文件夹，以及文件的扩展名。

操作步骤：

（1）单击"开始"按钮，在弹出的"开始"菜单中选择"所有程序"→"附件"→"Windows 资源管理器"命令，打开"Windows 资源管理器"窗口。

（2）在左侧的文件夹列表中，利用鼠标展开各级子文件夹，选中"C:\用户\公用\公用图片\示例图片"文件夹，右侧则显示该文件夹中的内容，如图 1–2–1 所示。

图 1-2-1　"Windows 资源管理器"示例图片窗口

（3）单击"查看"菜单，在下拉菜单中依次选择"超大图标""大图标""中等图标""小图标""列表""详细信息""平铺""内容"这 8 个命令来了解各种查看方式。

（4）单击"查看"菜单，在下拉菜单中选择"排序方式"命令，展开图 1-2-2 所示的子菜单，依次选择"名称""日期""类型""大小"等命令来了解各种排序方式。

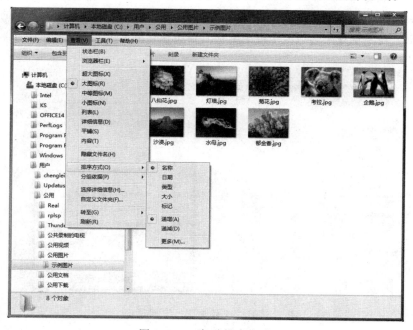

图 1-2-2　各种排序方式

（5）单击"工具"菜单，在下拉菜单中选择"文件夹选项"命令，弹出"文件夹选项"

对话框，选择"查看"选项卡，选中"显示隐藏的文件、文件夹和驱动器"单选按钮，取消勾选"隐藏已知文件类型的扩展名"复选框，如图 1-2-3 所示。单击"确定"返回。

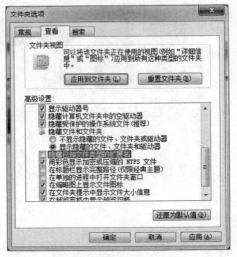

图 1-2-3 "文件夹选项"对话框

2. 利用"资源管理器"窗口，查看"C:\Windows"文件夹中包含的文件和子文件夹数量，查看"C:\Windows\win.ini"文件的大小及创建的时间等信息，并将该文件设置为"隐藏"属性。

操作步骤：

（1）打开"Windows 资源管理器"窗口，在左窗格中选择"本地磁盘（C）"，在右窗格中右击"Windows"文件夹，在弹出的快捷菜单中选择"属性"命令，弹出图 1-2-4 所示的"Windows属性"对话框，在"常规"选项卡中可了解到 C 盘所包含的文件和子文件夹数量。

图 1-2-4 "文件夹属性"对话框

（2）在"Windows 资源管理器"窗口的左窗格中单击"本地磁盘（C:）"中的"Windows"文件夹，在右窗格中找到并右击 win.ini 文件，在弹出的快捷菜单中选择"属性"命令，弹出

图 1-2-5 所示的 "win.ini 属性" 对话框，在 "常规" 选项卡中可了解到该文件的大小及创建时间等信息，同时勾选 "隐藏" 复选框，单击 "确定" 按钮返回。

图 1-2-5 "win.ini 属性" 对话框

3. 在 C 盘上创建 Exam 文件夹，在 Exam 文件夹中再创建两个子文件夹，分别命名为 New Data、MyWeb。在 New Data 文件夹中创建一个文本文件，名为 Info.txt，内容为学生自己的学号、系别、专业、班级、姓名。

操作步骤：

（1）打开 "Windows 资源管理器" 窗口，在左窗格中选择 "本地磁盘（C:）"，在右窗格空白处右击，在弹出的快捷菜单中选择 "新建" → "文件夹" 命令，如图 1-2-6 所示。

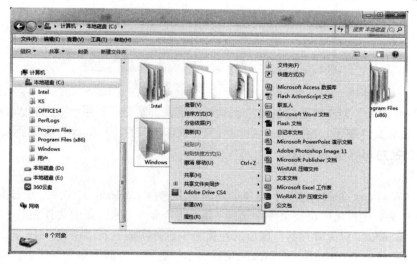

图 1-2-6 右键快捷菜单

（2）输入文件夹的名称 "Exam"，双击打开 "Exam" 文件夹，用同样的方法在 Exam 文件夹中再创建两个子文件夹，名称分别为 New Data、MyWeb，效果如图 1-2-7 所示。

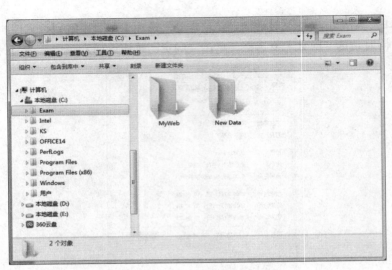

图 1-2-7　新建文件夹效果

（3）双击打开"New Data"文件夹，在右窗格空白处右击，在弹出的快捷菜单中选择"新建"→"文本文档"命令，输入新建文件的名称：Info。（注意：文件扩展名）

（4）双击新建的 Info.txt 文件，打开"记事本"窗口，输入学生自己的学号、系别、专业、班级、姓名，如图 1-2-8 所示，输入完成后，选择"文件"→"保存"命令，最后关闭窗口。

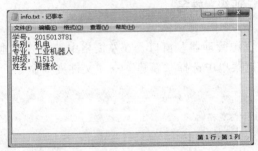

图 1-2-8　"记事本"窗口

4. 将"MyWeb"文件夹重命名为"mysite"，将实训素材"项目一\任务 2\doc"文件夹复制到 C:\Exam 文件夹下，将"New Data"文件夹中的文件"Info.txt"移动到 C:\Exam 文件夹下，重命名为 information.txt。

操作步骤：

（1）在"Windows 资源管理器"窗口的左窗格中选择 C:\Exam 文件夹，在右窗格中右击"MyWeb"文件夹，在弹出的快捷菜单中选择"重命名"命令，输入新的文件夹名称"mysite"。

（2）在"Windows 资源管理器"窗口的左窗格中选择实验素材"项目一\任务 2"文件夹，在右窗格中右击"doc"文件夹，在弹出的快捷菜单中选择"复制"命令；然后在左窗格中选择"C:\Exam"文件夹，在右窗格空白处右击，在弹出的快捷菜单中选择"粘贴"命令。

（3）在"Windows 资源管理器"窗口的左窗格中选择 C:\Exam\New Data 文件夹，在右窗格中右击"Info.txt"文件，在弹出的快捷菜单中选择"剪切"命令；然后在左窗格中选择"C:\Exam"文件夹，在右窗格中右击空白处，在弹出的快捷菜单中选择"粘贴"命令；右击

"Info.txt"文件，在弹出的快捷菜单中选择"重命名"命令，输入新的文件名"information.txt"，如图 1-2-9 所示。

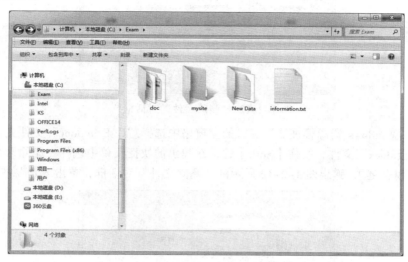

图 1-2-9 操作效果

5．首先清空回收站，将 C 盘回收站的最大空间设置为 500 MB，然后删除 C:\Exam\information.txt 文件，永久删除"C:\Exam\doc"文件夹中的"离骚.docx"。

操作步骤：

（1）右击桌面上的"回收站"图标，在弹出的快捷菜单中选择"清空回收站"命令，如图 1-2-10 所示。

（2）再次右击桌面上的"回收站"图标，在弹出的快捷菜单中选择"属性"命令，弹出"回收站属性"对话框（见图 1-2-11），在"常规"选择卡列表中选择"本地磁盘（C:）"，在"自定义大小"的"最大值"文本框中输入"500"，单击"确定"按钮返回。

图 1-2-10 "回收站"快捷菜单　　图 1-2-11 "回收站属性"对话框

（3）在"Windows 资源管理器"窗口的左窗格中选择"C:\Exam"文件夹，在右窗格中右击"information.txt"文件，在弹出的快捷菜单中选择"删除"命令（或直接按【Del】键），弹出图 1-2-12 所示的"删除文件"对话框，单击"是"按钮。

图 1-2-12　"删除文件"对话框

（4）在"Windows 资源管理器"窗口的左窗格中选择"C:\Exam\doc"文件夹，在右窗格中右击"离骚.docx"文件，按住【Shift】键，在弹出的快捷菜单中选择"删除"命令（或按【Shift+Del】组合键），弹出图 1-2-13 所示的"删除文件"对话框，单击"是"按钮。

图 1-2-13　"删除文件"确认框

6. 利用 Windows 提供的"计算器"，将十六进制数 8D90H 转换成二进制数，并将得到的整个计算器窗口复制到 Windows 画图程序中，以 jsjg.jpg 为文件名保存在 C:\Exam\New data 文件夹中。

操作步骤：

（1）单击"开始"按钮，在"开始"菜单中选择"所有程序"→"附件"→"计算器"命令，打开"计算器"窗口，选择"查看"→"程序员"命令，得到图 1-2-14 所示的窗口。

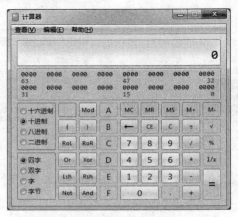

图 1-2-14　"计算器"窗口

（2）在图 1-2-14 所示窗口的左侧，选择"十六进制"单选按钮，输入"8D90"，然后单击窗口左侧的"二进制"单选按钮，即可得到转换结果，如图 1-2-15 所示。

图 1-2-15　数制转换结果

（3）按【Alt+Print Screen】组合键将整个"计算器"窗口复制到 Windows 剪贴板，然后启动"画图"程序，单击"粘贴"按钮，然后选择"文件"选项卡中的"另存为"命令，在弹出的列表中选择"JPEG 图片"选项，如图 1-2-16 所示，在"另存为"对话框中选择存储位置"C:\Exam\New data"，输入文件名 jsjg.jpg，最后单击"保存"按钮。

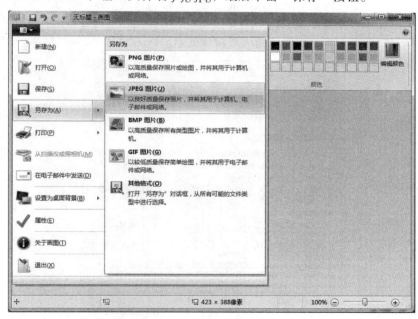

图 1-2-16　"画图"程序的另存为选项

7. 搜索有关"在家庭网络上安装打印机"的帮助信息，然后将全部文本内容复制到记事本，以 help.txt 为文件名保存到"C:\Exam\New data"文件夹中。

操作步骤：

（1）单击"开始"按钮，在"开始"菜单中选择"帮助和支持"命令，打开"Windows帮助和支持"窗口，如图 1-2-17 所示。

图 1-2-17　"Windows 帮助和支持"窗口

（2）在"搜索帮助"文本框中输入"打印机"，单击右侧的"搜索帮助"按钮，在搜索结果的列表中单击"在家庭网络上安装打印机"选项，得到搜索结果；在任意位置右击，在弹出的快捷菜单中选择"全选"命令，如图 1-2-18 所示，再在空白处右击，在弹出的快捷菜单中选择"复制"命令，将全部文本内容复制到剪贴板。

图 1-2-18　"帮助信息"的快捷菜单

　　注意：在使用"Windows 帮助和支持"窗口时，一定要选择好窗口右下角的"联机帮助"或"脱机帮助"。

（3）启动 Windows 的"记事本"程序，选择"编辑"→"粘贴"命令，最后选择"文件"→"另存为"命令，在弹出的"另存为"对话框中选择存储位置"C:\Exam\New data"，输入文件名 help.txt，最后单击"保存"按钮。

8. 将 C:\Exam 文件夹压缩为"01 范例.rar"文件，并设置密码为"xyz"，将压缩文件存放在 C:\KS 文件夹下。

操作步骤：

（1）启动 Windows 资源管理器，在左窗格中选择"本地磁盘(C:)"，在右窗格中右击"Exam"文件夹，在弹出的快捷菜单中选择"添加到压缩文件…"命令，弹出图 1-2-19 所示的对话框。

图 1-2-19 "压缩文件名和参数"对话框

（2）选择"常规"选项卡，在"压缩文件名"文本框中输入"01 范例.rar"；选择"高级"选项卡，单击"设置密码"按钮，弹出"输入密码"对话框，如图 1-2-20 所示，先后两次输入密码"xyz"，单击"确定"按钮返回上一个对话框，再单击"确定"按钮完成压缩。

图 1-2-20 设置压缩文件密码

四、实训拓展

（1）在 C 盘上建立一个名为 test 的文件夹，在 test 文件夹中建立两个子文件夹 news、datas，在 datas 文件夹中再建立一个子文件夹 pic。

（2）在 C:\test 文件夹下创建一个文本文件，文件名为 mytest.txt，内容为"上海市计算机等级考试（一级）"，修改其属性为只读。

（3）在 C:\test 文件夹中建立名为 JSQ 的快捷方式，要求双击该快捷方式能启动 Windows 7 的"计算器"应用程序。

（4）将实训素材"项目一\任务 2"文件夹中的 net 和 sys 两个文件夹和 ball.rar 文件一次性复制到 C:\test 文件夹中，并将 sys 文件夹设置为"隐藏"属性。

（5）将实训素材"项目一\任务 2\image"文件夹中所有文件复制到 C:\test\datas\pic 文件夹中，并撤销部分文件的"只读"属性。

（6）将实训素材"项目一\任务 2"文件夹中的 news.jpg 文件复制到 C:\test 文件夹中，并更名为 home.jpg。

（7）将 C:\test\net 文件夹中的 bus.jsp 文件移动到 C:\test\sys 文件夹中，并重命名为 bef.prg。

（8）删除 C:\test\net 文件夹中的所有文件和文件夹，然后恢复被删除的 map.doc 文件。

（9）关闭所有窗口，将当前整个 Windows 桌面利用快捷键复制到"画图"程序中，以 desk.jpg 为文件名存放在 C:\test 文件夹中。

（10）将"设置无线网络"的帮助信息中的所有内容保存到 C:\test\nethelp.txt 文件中。

（11）新建文本文件（C:\test\mspaint.txt），其内容为：Windows 7 的应用程序"画图"帮助信息中关于"绘制线条"的文字信息。

（12）将 C:\test\ball.rar 压缩文件中的 ball2.jpg 文件释放到 C:\test\datas\pic 文件夹中，最后将 C:\test 文件压缩成 test.rar 存放在 C:\KS 文件夹中。

实训②

➡ Microsoft Word 的应用

实训 2.1 文档的基本操作

一、实训目的与要求

1．熟悉 Microsoft Word 2010 的工作界面。

2．掌握文档的基本编辑操作。

3．熟练掌握字符和段落格式的设置。

4．掌握页面的操作和格式的设置。

二、实训内容

1．文档的基本编辑。

2．文字和段落的格式化。

3．项目符号和编号的设置。

4．页眉/页脚和文档页面的设置。

三、实训范例

对"大学生创业计划书"文档进行格式化（打开实训素材"项目二\任务 1\大学生创业计划书.docx"，按下列要求进行操作，结果保存在 C:\KS 文件夹中，最终效果如图 2-1-1 所示。）

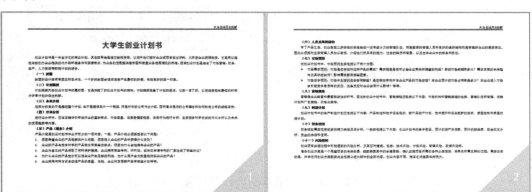

图 2-1-1 "大学生创业计划书"效果图

1. 将标题文本"大学生创业计划书"的格式设置为微软雅黑、二号、加粗，颜色为"黑色，文字1，淡色35%"，字符间距为加宽1磅，将标题行的段后间距设置为6磅，居中。

操作步骤：

（1）选中标题文字"大学生创业计划书"，单击"开始"选项卡"字体"组中的相关按钮，将字体设置为微软雅黑、二号、加粗黑色，如图2-1-2所示。

图2-1-2　设置标题行的字体格式

（2）单击"开始"选项卡"字体"组右下角的"对话框启动器"按钮，在弹出的"字体"对话框中选择"高级"选项卡，将"间距"设置为加宽1磅，如图2-1-3所示。

（3）单击"开始"选项卡"段落"组中的"居中"按钮，设置标题居中，并单击"段落"组右下角的"对话框启动器"按钮，弹出"段落"对话框，选择"段落"选项卡，将"间距"组中的"段后"数值设置为"6磅"，如图2-1-4所示。

图2-1-3　设置字符间距

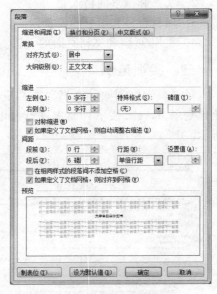

图2-1-4　"段落"对话框

2. 将正文中所有多余的空格删除，并将手动换行符替换成段落结束符。

操作步骤：

（1）选中正文，单击"开始"选项卡"编辑"组中的"替换"按钮，弹出"查找和替换"

对话框，在"替换"选项卡的"查找内容"文本框中利用键盘直接输入一个空格，在"替换为"文本框中不输入任何字符，直接单击"全部替换"按钮即可。

（2）用上述方法打开"查找和替换"对话框，在"替换"选项卡中，单击"更多"按钮展开该对话框，插入点置于"查找内容"文本框中，删除上题中输入的空格，然后单击"特殊格式"按钮，在展开的列表中选择"手动换行符"，插入点再置于"替换为"文本框中，单击"特殊格式"按钮，在展开的列表中选择"段落标记"，效果如图 2-1-5 所示，单击"全部替换"按钮进行全部替换，最后单击"关闭"按钮。

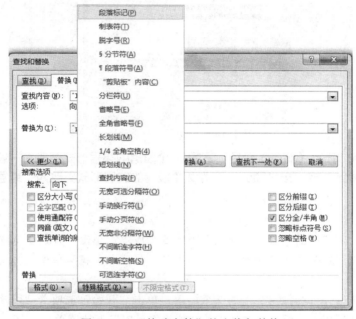

图 2-1-5 "特殊字符"的查找与替换

3. 将正文所有段落首行缩进 2 字符，行距设置为固定值 18 磅，将正文中的 11 个小标题设置为"要点"样式。

操作步骤：

（1）选中正文所有段落，单击"开始"选项卡"段落"组右下角的"对话框启动器"按钮，弹出"段落"对话框，在"缩进和间距"选项卡的"特殊格式"下拉列表框中选择"首行缩进"选项，磅值设置为"2 字符"，在"行距"下拉列表框中选择"固定值"，"设置值"为 18 磅，如图 2-1-6 所示，单击"确定"按钮返回。

（2）利用【Ctrl】键依次选中 11 个小标题，选择"开始"选项卡"样式"组中的"要点"样式。

也可以先选择第 1 个小标题，将其设置为"要点"样式，然后双击"开始"选项卡"剪贴板"组中的"格式刷"按钮，将第 1 个小标题的格式复制到其他 10 个小标题，最后再单击"格式刷"按钮，结束格式复制。

实训 2 Microsoft Word 的应用

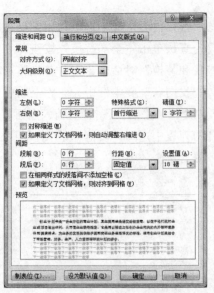

图 2-1-6　"段落"对话框

4. 将第 5 条"产品（服务）介绍"下的 5 个段落的编号形式更改为"编号库"中第 1 行第 2 列样式；将第 7 条**市场预测**下的 2 个段落的编号形式更改为"编号库"中的"箭头➢"样式。

操作步骤：

（1）选中第 5 条"产品（服务）介绍"下的 5 个段落，单击"开始"选项卡"段落"组中的"编号"按钮，如图 2-1-7 所示，在弹出的"编号库"下拉菜单中选择第 1 行第 2 列样式的编号。

（2）选中第 7 条"市场预测"下的 2 个段落，单击"开始"选项卡"段落"组中的"项目符号"按钮，如图 2-1-8 所示，在弹出的"项目符号库"下拉菜单中选择"箭头➢"符号。

图 2-1-7　"编号"下拉菜单

图 2-1-8　"项目符号"列表下拉菜单

5. 添加页眉文字"大众创业万众创新"，并将文字设置成小五号、黑体、右对齐、下划0.5磅的双线段落框，并在页脚位置添加"三角形2"样式的页码。

操作步骤：

（1）单击"插入"选项卡"页眉和页脚"组中的"页眉"按钮，在下拉菜单中选择"编辑页眉"命令，进入"页眉和页脚"编辑状态，并显示"页眉和页脚工具/设计"选项卡，如图 2-1-9 所示，在文档的页眉处输入文字"大众创业万众创新"，选中文字，利用"开始"选项卡"字体"组和"段落"组中的相关按钮来设置字体格式为黑体、小五号和右对齐。

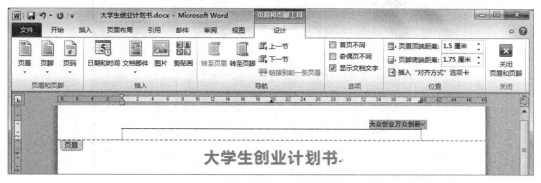

图 2-1-9 "页眉和页脚工具/设计"选项卡

（2）单击"开始"选项卡"段落"组中的"下框线"按钮，在下拉菜单中选择"边框和底纹"命令，弹出图 2-1-10 所示的对话框，从中对样式、宽度和位置进行设置。

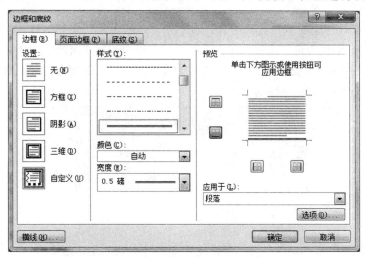

图 2-1-10 "边框和底纹"对话框

（3）单击"页眉和页脚工具/设计"选项卡"导航"组中的"转至页脚"按钮，然后单击"页码"按钮，在下拉菜单中选择"页面底端"命令，在弹出的页码样式列表中选择"三角形2"页码样式，如图 2-1-11 所示，最后单击"关闭页眉和页脚"按钮返回正文编辑状态。

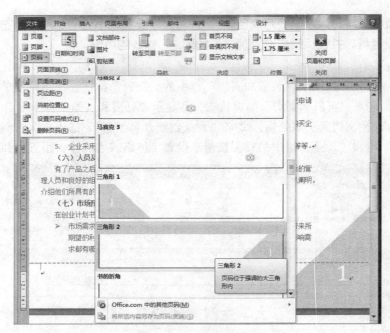

图 2-1-11　插入页码

6.　设置本文档的纸张大小为"A4"、纸张方向为"横向"、页边距设置为上、下、左、右边距均为 3 cm。

操作步骤：

单击"页面布局"选项卡"页面设置"组中的"纸张大小"按钮，在弹出的下拉菜单中选择"A4"，单击"纸张方向"按钮，在弹出的下拉菜单中选择"横向"命令，单击"页边距"按钮，在弹出的下拉菜单中选择"自定义边距"命令，弹出"页面设置"对话框，设置上、下、左、右边距均为 3 cm，如图 2-1-12 所示。

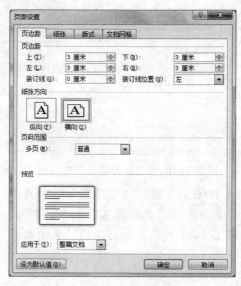

图 2-1-12　"页面设置"对话框

四、实训拓展

打开实训素材中"项目二\任务 1\智能机器人.docx"文档，按下列要求进行操作，结果保存在 C:\KS 文件夹中，最终效果如图 2-1-13 所示。

（1）对标题"智能机器人"进行设置，字体为"华文行楷、32 号"，其文本效果设置为"填充–橄榄色，强调文字颜色 3，轮廓–文本 2"，阴影为"左下斜偏移"，居中显示。

（2）将正文中所有的"只能机器人"替换成"智能机器人"，然后将所有英文逗号替换成中文逗号。

（3）将正文所有段落设置为首行缩进 2 字符，行间距设置为最小值 20 磅，段前、段后间距各设置为 0.5 行。

图 2-1-13 "智能机器人"文档样张

（4）将正文第一段中的"大脑"两个字设置为：加粗、加着重号、位置提升 1 磅。

（5）将正文第一段左、右各缩进 0.5 厘米，并添加颜色为"黑色，文字 1，淡色 50%"，粗细为 1.5 磅的上、下段落双线框和 10% 的图案样式。

（6）将正文第二段的首字设置为：下沉两行，正文最后一段分成等宽的两栏，并加分隔线。

实训 2.2　图文的混合排版

一、实训目的与要求

1. 掌握各类对象的插入及格式的设置。
2. 掌握形状的绘制和格式的设置。
3. 掌握图文混排效果的设置。

二、实训内容

1. 页面背景的设置。
2. 艺术字的插入和设置。
3. 图片的插入和设置。
4. 形状的绘制和设置。
5. 文本框的插入和设置。

三、实训范例

为纪念中国共产党成立 95 周年，要求制作一份"红旗颂"电子报。（利用"项目二\任务2"文件夹中的实训素材，按下列要求进行操作，结果保存在 C:\KS 文件夹中，最终效果如图 2-2-1 所示。）

图 2-2-1　"红旗颂"电子报效果图

1. 新建一个文档，命名为"电子报.docx"文件并保存，插入素材文件夹中的"背景.jpg"，将其设置为"衬于文字下方"，并将图片的高、宽分别设置为 29.7 cm 和 21 cm，使其覆盖整个页面。

操作步骤：

（1）启动 Word 2010，新建一个空白文档，选择"文件"选项卡中的"另存为"命令，在弹出的对话框中选择存储位置（如 C:\KS），输入文件名"电子报.docx"，单击"保存"按钮。

（2）单击"插入"选项卡"插图"组中的"图片"按钮，在弹出的对话框中选择素材文件夹中的"背景.jpg"文件；选中该图片，单击"图片工具/格式"选项卡"排列"组中的"自动换行"按钮，在弹出的下拉列表菜单中选择"衬于文字下方"命令，如图 2-2-2 所示。

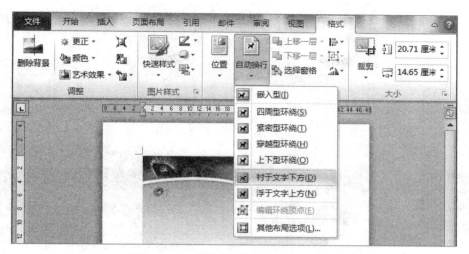

图 2-2-2　选择"衬于文字下方"命令

（3）保持图片的选中状态，单击"大小"组右下角的"对话框启动器"按钮，弹出"布局"对话框，选择"大小"选项卡，取消勾选"锁定纵横比"复选框，分别设置其高度为 29.7 cm，宽度为 21 cm，如图 2-2-3 所示；最后利用鼠标将该图片覆盖整个页面。

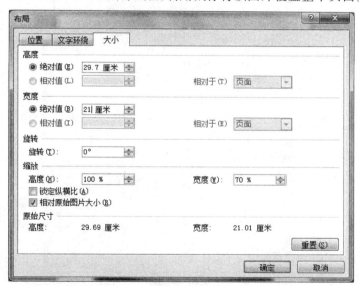

图 2-2-3　"布局"对话框的"大小"选项卡

2. 按照样例，在页面顶端插入第 1 行第 5 列样式的艺术字，文字内容为"纪念中国共产党成立 95 周年"，字体为宋体，字号为 22；将艺术字的"文本填充"和"文本轮廓"均设置为"黄色"，文本效果中的阴影为"左下斜偏移"，大小 5 磅的红色发光效果。

操作步骤：

（1）单击"插入"选项卡"文本"组中的"艺术字"按钮，在弹出的列表中选择第 1 行第 5 列的样式，然后输入文字"纪念中国共产党成立 95 周年"，再单击"开始"选项卡"字体"组中的字体设置按钮，设置字体为"宋体"，字号为 22。

（2）选中艺术字，分别单击"绘图工具/格式"选项卡"艺术字样式"组中的"文本填充"和"文本轮廓"按钮，将颜色设置为黄色，效果如图 2-2-4 所示。

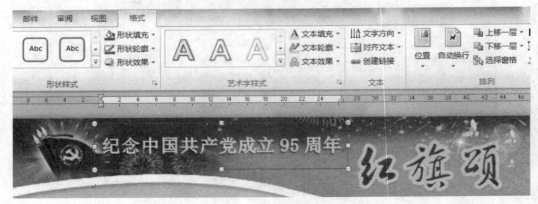

图 2-2-4 "文本填充"和"文本轮廓"的设置效果

（3）保持艺术字选中状态，单击"绘图工具/格式"选项卡"艺术字样式"组中的"文本效果"按钮，在弹出的下拉菜单中选择"阴影"→"左下斜偏移"命令，再选择"阴影"→"发光选项"命令，弹出图 2-2-5 所示的"设置文本效果格式"对话框，将颜色设置为"红色"，字号改为 5 磅，单击"关闭"按钮。

图 2-2-5 "设置文本效果格式"对话框

3. **按照样例，利用文本框在相应位置插入文字"电影介绍"，字体采用"微软雅黑"，字号为 22。**

操作步骤：

（1）单击"插入"选项卡"文本"组中的"文本框"按钮，在弹出的下拉菜单中选择"绘制文本框"命令，然后在相应位置绘制一个文本框，输入文字"电影介绍"，利用"开始"选项卡"字体"组中的相应按钮设置其字体为"微软雅黑"，字号为 22。

（2）选中文本框，分别单击"绘图工具/格式"选项卡"形状样式"组中的"形状填充"和"形状轮廓"按钮，设置"无填充颜色"和"无轮廓"，效果如图 2-2-6 所示。

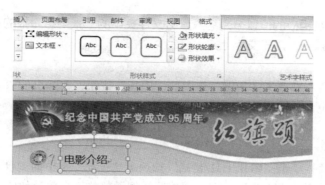

图 2-2-6 "形状填充"和"形状轮廓"的设置效果

4. 按照样例，绘制三个高 1.5 cm、宽 4.5 cm 的按钮，填充颜色采用渐变，分别为白到红、白到绿和白到紫，形状效果采用紧密映像，接触；按钮上添加文字，分别为开天辟地、建国大业和建党伟业，字体采用"微软雅黑"，加粗，小二号。

操作步骤：

（1）单击"插入"选项卡"插图"组中的"形状"按钮，在弹出的下拉菜单中选择"圆角矩形"，然后在页面上绘制一个"圆角矩形"按钮，在"绘图工具/格式"选项卡"大小"组中将高度设置为 1.5 cm，宽度设置为 4.5 cm。

（2）选中绘制的按钮，单击"绘图工具/格式"选项卡"形状样式"组中的"形状填充"按钮，在弹出的下拉菜单中选择"渐变"→"其他渐变"命令，弹出"设置形状格式"对话框，在"填充"选项组中选中"渐变填充"单选按钮，在下方的渐变光圈中将左边的色块设置为"白色"，右边的色块设置为"红色"，如图 2-2-7 所示，单击"关闭"按钮返回。

（3）保持按钮选中状态，利用"形状样式"组中的"形状轮廓"按钮，将轮廓设置为"无"，利用"形状效果"下拉菜单中的"映像"→"紧密映像，接触"命令来设置其映像效果。

（4）右击该按钮，在弹出的快捷菜单中选择"添加文字"命令，输入文字"开天辟地"，并将其字体设置为"微软雅黑，加粗，小二号"，绘制效果如图 2-2-8 所示。

图 2-2-7 "设置形状格式"对话框

图 2-2-8 "开天辟地"按钮

（5）用上述相同的办法制作另外两个按钮，也可以采用直接复制"开天辟地"按钮，然后通过更改渐变颜色和按钮文字的方法制作，最后将三个按钮放置在如样例所示的位置。

5. 按照样例，在相应的位置分别插入素材文件夹中的三张电影海报的图片，高度和宽度均为 6.5 cm 和 10.4 cm，浮于文字上方。

操作步骤：

（1）单击"插入"选项卡"插图"组中的"图片"按钮，在弹出的"插入图片"对话框中选择素材文件夹中的"开天辟地.png"图片文件。

（2）选中图片，将"图片工具/格式"选项卡"大小"组中的高度设置为 6.5 cm，宽度自动调整为 10.4 cm。

（3）选中该图片，单击"图片工具/格式"选项卡"排列"组中的"自动换行"按钮，在下拉菜单中选择"浮于文字上方"命令，并按照样例调整位置，效果如图 2-2-9 所示。

（4）利用相同的方法插入并设置另两张图片（建国大业.png、建党伟业.png）。

6. 按照样例，在相应的位置插入三个文本框，分别添加相关电影的简介（简介文字在素材文件夹"文字素材.txt"文件中），文本框的大小均为高 5.8 cm，宽 8.5 cm，文本框中的文字采用宋体、五号、首行缩进 2 字符，1.25 倍行间距。

操作步骤：

（1）单击"插入"选项卡"文本"组中的"文本框"按钮，在弹出的下拉菜单中选择"绘制文本框"命令，然后在相应位置绘制出一个文本框。

（2）选中文本框，将"绘图工具/格式"选项卡"大小"组中的高度设置为 5.8 cm，宽度自动调整为 8.5 cm；再分别单击"绘图工具/格式"选项卡"形状样式"组中的"形状填充"和"形状轮廓"按钮，设置为"无填充颜色"和"无轮廓"。

（3）打开素材文件夹中的"文字素材.txt"文件，通过复制的方法，将相关的文字粘贴到文本框中，选择文字后单击"开始"选项卡"字体"和"段落"组中的相关按钮设置其格式为：宋体、五号、首行缩进 2 字符，1.25 倍行间距，效果如图 2-2-9 所示。

（4）利用相同的方法插入并设置另外两个文本框，也可以通过复制第一个文本框，更改其中的文字，调整相应的位置即可。

图 2-2-9　插入图片和文本框后的效果

7. 按照样例，在页面底部靠右的位置利用文本框插入"制作人：×××"字样（此处的×××应为制作者本人姓名），文本框中的文字采用微软雅黑、加粗、小四号、靠右对齐。

操作步骤：

（1）单击"插入"选项卡"文本"组中的"文本框"按钮，在弹出的下拉菜单中选择"绘制文本框"命令，然后在页面底端右侧绘制出一个文本框，输入文字"制作人：×××"（此处的×××为制作者本人姓名）。

（2）选中文本框，分别单击"绘图工具/格式"选项卡"形状样式"组中的"形状填充"和"形状轮廓"命令，设置为"无填充颜色"和"无轮廓"。

（3）选择文本框中的文字，单击"开始"选项卡"字体"和"段落"组中的相关按钮设置其格式为：微软雅黑、加粗、小四号、靠右对齐。

最终效果如图 2-2-1 所示。

四、实训拓展

1. 利用"项目二\任务 2"文件夹中提供的实训素材，按照图 2-2-10 所示制作雨禾珠宝有限公司的简介，操作结果保存在 C:\KS 文件夹中。

图 2-2-10　雨禾珠宝有限公司的简介

操作提示：

（1）纸张可选用 B5，页边距可设置为上、下、左、右均为 1 厘米。

（2）标题可采用艺术字，字体华文行楷，小一，颜色为黑色，文字 1，淡色 50%。

（3）标题下方的线条，可自行绘制直线，并更改颜色为绿色，粗细为 3 磅。

（4）文字可置于文本框，宋体、五号，行间距为固定值 18 磅。

（5）"公司宗旨"和"公司精神"的字体采用微软雅黑，三号和四号，橙色和黑色。

（6）插入的图片，可设置为浮于文字上方，更改相应的图片样式。

2. 建立一个新文档，以"数学公式.docx"为文件名保存在 C:\KS 文件夹中，文件内容为图 2-2-11 所示的数学公式。

$$F(\omega)=\frac{-b\pm\sqrt{b^2-4ac}}{2a}\oint_{-\infty}^{+\infty}f(t)\mathrm{e}^{-i\omega t}\,\mathrm{d}t$$

图 2-2-11　数学公式

实训 2.3　表格的处理

一、实训目的与要求

1．掌握表格的插入和表格属性的设置。
2．掌握表格的基本编辑（单元格的合并、拆分等）。
3．掌握表格和单元格格式的设置。
4．掌握表格中公式的应用。

二、实训内容

1．表格的插入和行高、列宽的调整。
2．单元格的合并、拆分、底纹设置等。
3．表格格式的设置。
4．表格中公式的应用。

三、实训范例

上海雨禾珠宝有限公司为了扩大业务，需要招聘一批人才，现要求按图 2-3-1 所示，制作一份“应聘人员登记表”。最终文件以“应聘人员登记表.docx”来命名，保存在 C:\KS 文件夹中。

上海雨禾珠宝有限公司

应聘人员登记表

<table>
<tr><td>姓名</td><td></td><td>性别</td><td></td><td>出生日期</td><td></td><td rowspan="5">（贴照片）</td></tr>
<tr><td>民族</td><td></td><td>政治面貌</td><td></td><td>婚姻状况</td><td></td></tr>
<tr><td>学历/学位</td><td></td><td>毕业院校</td><td colspan="3"></td></tr>
<tr><td>身体状况</td><td></td><td>家庭住址</td><td colspan="3"></td></tr>
<tr><td>通信地址</td><td colspan="3"></td><td>邮政编码</td><td></td></tr>
<tr><td>电子邮箱</td><td colspan="3"></td><td>手机号码</td><td colspan="2"></td></tr>
<tr><td>应聘岗位</td><td colspan="3"></td><td>期望薪金</td><td colspan="2"></td></tr>
<tr><td rowspan="2">计算机能力</td><td>办公应用</td><td>程序设计</td><td>多媒体设计</td><td>数据库管理</td><td colspan="2">电子商务</td></tr>
<tr><td></td><td></td><td></td><td></td><td colspan="2"></td></tr>
<tr><td>外语能力</td><td>擅长语种</td><td></td><td>掌握程度</td><td></td><td>口语能力</td><td></td></tr>
<tr><td colspan="7">教育情况</td></tr>
<tr><td colspan="7"></td></tr>
<tr><td colspan="7">工作经历</td></tr>
<tr><td colspan="7"></td></tr>
<tr><td colspan="7">自我评价</td></tr>
<tr><td colspan="7"></td></tr>
</table>

图 2-3-1　应聘人员登记表

1. 新建一个 Word 文档，输入标题文字"上海雨禾珠宝有限公司"，字体设置为华文行楷、二号、居中；副标题为"应聘人员登记表"，字体为宋体、三号、加粗、居中。

操作步骤：

（1）启动 Word 2010，新建一个空白文档，选择"文件"选项卡中的"另存为"命令，将其以"应聘人员登记表.docx"为文件名保存在 C:\KS 文件夹中。

（2）插入点定位后，输入指定文字，然后单击"开始"选项卡"字体"组中的相关按钮设置字体格式，再单击"段落"组中的"居中"按钮将段落居中。

2. 插入一个 16 行 7 列的表格，设置列宽为：第 1 列为 2.4 cm、第 7 列为 3 cm，其余各列为 2 cm；设置行高为：除第 12、14、16 行行高为 3.6 cm 外，其余均为 0.8 cm。

操作步骤：

（1）定位插入点后，选择"插入"选项卡"表格"组中的"插入表格"命令，弹出"插入表格"对话框，设置表格为 7 列、16 行，单击"确定"按钮返回。

（2）选中表格的第 1 列，然后在"表格工具/布局"选项卡"单元格大小"组中的"宽度"文本框中输入 2.4，用同样的方法设置其他各列的列宽。

（3）先选中整个表格，在"表格工具/布局"选项卡"单元格大小"组中的"高度"文本框中输入 0.8；再按住【Ctrl】键的同时选中表格的第 12、14、16 行，设置其行高为 3.6 cm。

3. 按照样张合并相关的单元格，并将第 8、9 行后 6 个单元格合并后拆分成 5 个单元格，将第 10 行后 6 个单元格合并后拆分成等宽的 6 个单元格。

操作步骤：

（1）按照样张先选中第 3 行的第 4～6 个单元格，单击"表格工具/布局"选项卡"合并"组中的"合并单元格"按钮，如图 2-3-2 所示。用同样的方法对照样张设置其他单元格的合并。

（2）选中第 8 行的第 2～7 个单元格，选择"表格工具/布局"选项卡"合并"组中的"拆分单元格"按钮，弹出图 2-3-3 所示的"拆分单元格"对话框，在"列数"文本框中输入 5，并勾选"拆分前合并单元格"复选框，单击"确定"按钮返回；用同样的方法将第 9 和第 10 行的相关单元格进行合并后的拆分。

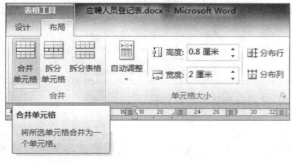

图 2-3-2 "合并单元格"选项　　　　图 2-3-3 "拆分单元格"对话框

4. 对照样张在相应的单元格中输入文字，字体为宋体、五号，单元格内容设置为水平、垂直均居中，并设置相关单元格的底纹为"白色，背景 1，深色 15%"。

操作步骤：

（1）按照样张将插入点依次定位在相关单元格中，输入文本。

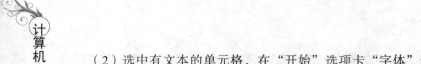
（2）选中有文本的单元格，在"开始"选项卡"字体"组中设置字体为宋体，字号为五号；单击"表格工具/布局"选项卡"对齐方式"组中的"水平居中"按钮。

（3）保持单元格选中，单击"表格工具/设计"选项卡"表格样式"组中的"底纹"按钮，在弹出的颜色列表中选择"白色，背景1，深色15%"。

5. 按照样张设置表格的边框线，外框为1.5磅单线框，内部除了第8、11、13、15行的上框为1.5磅单线框外，其余均为0.75磅单线框。

操作步骤：

（1）选中整个表格，单击"表格工具/设计"选项卡"表格样式"组中的"边框"右侧的按钮，在弹出的下拉菜单中选择"边框与底纹"命令，弹出图2-3-4所示的对话框。

（2）在"设置"选项组中选择"自定义"，在"样式"下拉列表中选择"单线"，在"宽度"下拉列表中选择"1.5磅"，在"预览"选项组中分别用"上""下""左""右"四个按钮设置外框；然后再在"样式"下拉列表中选择"单线"，在"宽度"下拉列表中选择"0.75磅"，在"预览"选项组中分别单击"水平中线"和"垂直中线"两个按钮设置内部框线，单击"确定"按钮返回。

（3）按住【Ctrl】键的同时选中第8、11、13、15行，单击"表格工具/设计"选项卡"表格样式"组中的"边框"按钮，弹出"边框与底纹"对话框，在"样式"下拉列表中选择"单线"，在"宽度"下拉列表中选择"1.5磅"，在"预览"选项组中单击两次"上框线"按钮进行设置，最后单击"确定"按钮返回。

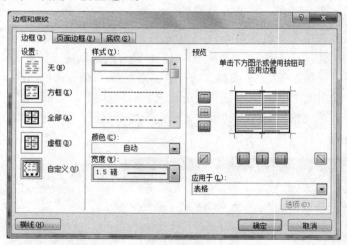

图2-3-4　"边框和底纹"对话框

四、实训拓展

打开实训素材中"项目二\任务3\销售情况.docx"文档，按下列要求进行操作，结果保存在C:\KS文件夹中，最终效果如图2-3-5所示。

（1）将标题下的8行文本转换成8行6列的表格（以空格为分隔）。

（2）所有单元格中的文字和数据的字号均设置为"小四"号，在单元格中水平和垂直居中，整个表格页面居中。

（3）表格第1列根据内容自动调整列宽，其余5列的列宽为2 cm，各行的行高均为0.75 cm。

（4）在最后一行相应单元格中运用公式计算各类商品的合计数。

（5）按照样张自动套用表格样式，具体表格样式为"中等深浅网格 3 – 强调文字颜色 5"。

雨禾珠宝销售情况

时间	吊坠	戒指	手链	项链	耳钉
2015 年 1 月~3 月	50	21	31	26	67
2015 年 4 月~6 月	55	30	59	47	94
2015 年 7 月~9 月	60	41	78	69	104
2015 年 10 月~12 月	58	62	91	82	79
2016 年 1 月~3 月	71	74	80	109	124
2016 年 4 月~6 月	91	89	108	136	157
合计	385	317	447	469	625

图 2-3-5 "销售情况"结果

实训 3.1　工作表的基本操作

一、实训目的与要求

1. 掌握工作簿的创建及工作表的基本操作。
2. 掌握行、列、单元格和单元格区域的操作。
3. 掌握各类数据的输入。
4. 掌握行、列和单元格的操作和格式化。

二、实训内容

1. 创建新的工作簿文件。
2. 工作表的基本操作。
3. 工作表中各类数据的输入。
4. 行、列的插入和格式设置。
5. 单元格的基本操作和格式化。

三、实训范例

晨宇贸易有限公司因业务的发展，需要制作图 3-1-1 所示的入库单，从而对仓库物品进行有效管理。

晨宇贸易有限公司入库单

第＿＿＿＿号

入库类型：		库房：				入库日期：			
序号	编码	品名	规格	摘要	当前结存	单位	数量	单价	金额
1									
2									
3									
4									
5									
6									
7									
8									
9									
10									
金额合计（大写）							￥＿＿＿＿元		
备注									
经手人：					库管员：				

图 3-1-1　入库单

1. 在 C:\KS 文件夹中创建一个新的工作簿文件，文件名为"入库单.xlsx"，将 Sheet1 工作表的标签名改为"入库单"，颜色设置为"深蓝"，然后按图 3-1-2 所示在相应的单元格中输入数据。

	A	B	C	D	E	F	G	H	I
1	晨宇贸易有限公司入库单								
2	序号	品名	规格	摘要	当前结存	数量	单价	单位	金额
3	1								
4	2								
5	3								
6	4								
7	5								
8	6								
9	7								
10	8								
11	9								
12	10								
13	金额合计（大写）								
14	备注								
15	经手人：				库管员：				

图 3-1-2　输入数据

操作步骤：

（1）通过"开始"菜单启动"Microsoft Excel 2010"，选择"文件"选项卡中的"另存为"命令，在弹出的"另存为"对话框中，存储位置选择 C:\KS 文件夹，文件名为"入库单"，单击"保存"按钮。

（2）右击工作表标签"Sheet1"，在弹出的快捷菜单中选择"重命名"命令，输入名称"入库单"。再右击该工作表标签，在弹出的快捷菜单中选择"工作表标签颜色"命令，在列表中选择"深蓝色"。

（3）选中 A1 单元格，通过键盘输入标题文字"晨宇贸易有限公司入库单"，利用相同的方法按图 3-1-2 所示在各个单元格中输入数据。

注意："序号"列除了可以通过键盘直接输入以外，也可以先在 A3 单元格中输入数字"1"，选中 A3:A12 单元格区域，单击"开始"选项卡"编辑"组中的"填充"按钮，在下拉列表中选择"系列"命令，弹出"序列"对话框，按照图 3-1-3 所示进行设置，单击"确定"按钮。

图 3-1-3　"序列"对话框

2. 在第 1 行的下面插入 1 个空行，在 B 列前插入 1 个空列，将"单位"所在的列移到"数量"列的前面，然后按图 3-1-1 所示在相应的单元格中输入数据。

操作步骤：

（1）选中第 2 行，然后单击"开始"选项卡"单元格"组中的"插入"按钮，在下拉列表中选择"插入工作表行"命令，由此在第 1 行的下面插入 1 个空行。

（2）选中第 B 列，然后单击"开始"选项卡"单元格"组中的"插入"按钮，在下拉列表中选择"插入工作表列"命令，由此在 B 列前插入一个空列。

（3）选中"单位"所在的 I 列，单击"开始"选项卡"剪贴板"组中的"剪切"按钮，再选中"数量"所在的 G 列并右击，弹出的在快捷菜单中选择"插入剪切的单元格"命令。

（4）选中 B2 单元格输入"入库类型："，利用相同的方法分别在 D2、I2、B3 单元格中输入"库房："（入库日期："（编码"。

3. 在第 1 行的下面插入 1 个空行，在 J2 单元格中输入"第_____号"，在 J15 单元格中输入"￥_____元"，并使它们在单元格中右对齐。

操作步骤：

（1）选中第 2 行，然后单击"开始"选项卡"单元格"组中的"插入"按钮，在下拉列表中选择"插入工作表行"命令。

（2）选中 J2 单元格，输入"第号"，在编辑栏中利用鼠标选中这两个字中间的空格，然后单击"开始"选项卡"字体"组中的"下画线"按钮，再选中 J2 单元格，单击"开始"选项卡"对齐方式"组中的"右对齐"按钮。

（3）选中 J15 单元格，输入"￥元"，用上述的方法在两个字之间添加下画线，并在单元格中右对齐。

4. 设置标题文字的大小为 20 并加粗，将 A1:J1 单元格区域合并居中，文字下方添加双下画线，标题行的行高设置为 30。

操作步骤：

（1）选中 A1 单元格，然后单击"开始"选项卡"字体"组中的"字体大小"按钮，在下拉列表中选择"20"，并单击"加粗"按钮。

（2）选中 A1 单元格，在编辑栏中选中标题文字，然后单击"开始"选项卡"字体"组中的"下划线"按钮，在下拉列表中选择"双下划线"命令，如图 3-1-4 所示。

图 3-1-4　选择"双下画线"命令

（3）选中 A1:J1 单元格区域，单击"开始"选项卡"对齐方式"组中的"合并后居中"按钮。

（4）选中第 1 行，单击"开始"选项卡"单元格"组中的"格式"按钮，在下拉列表中选择"行高"命令，弹出"行高"对话框，输入"30"。

5. 设置除标题文字以外的字体大小均为 12，将第 2～4、15～17 行的行高设置为 25，第 5～14 行的行高设置为 20，将 A 列的列宽设置为 6，将 B 列、D 列、F 列～I 列的列宽设置为 10，将 C 列、E 列、J 列的列宽设置为 15。

操作步骤：

（1）选中 A2:J17 单元格区域，然后单击"开始"选项卡"字体"组中的"字号"按钮，在下拉列表中选择"12"。

（2）按住【Ctrl】键并分别选中第 2～4、15～17 行，单击"开始"选项卡"单元格"组中的"格式"按钮,在下拉列表中选择"行高"命令,弹出"行高"对话框,输入"25";再选中第5～14行,用上述方法将行高设置为20。

(3)选中A列,单击"开始"选项卡"单元格"组中的"格式"按钮,在下拉列表中选择"列宽"命令,弹出"列宽"对话框,输入"6";按住【Ctrl】键选中B列、D列、F列～I列,利用上述方法将列宽设置为10;再选中C列、E列、J列,将列宽设置为15。

6. 将A15:C15、D15:H15、A16:B16、C16:J16、A17:B17、C17:E17、F17:G17、H17:J17单元格区域的单元格合并;将A4:J17单元格区域的各个单元格数据水平、垂直居中(除J15单元格外)。

操作步骤:

(1)选中A15:C15单元格区域,然后单击"开始"选项卡"对齐方式"组右下角的对话框启动器,弹出"设置单元格格式"对话框,在"对齐"选项卡中选中"合并单元格"复选框,单击"确定"按钮,如图3-1-5所示。

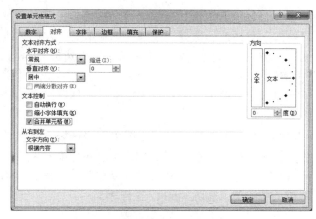

图3-1-5 "设置单元格格式"对话框

(2)用上述方法将D15:H15、A16:B16、C16:J16、A17:B17、C17:E17、F17:G17、H17:J17单元格区域的单元格合并。

(3)选中A4:J17单元格区域,分别单击"开始"选项卡"对齐方式"组中的"垂直居中"和"水平居中"按钮,然后再选中J15单元格,单击"开始"选项卡"对齐方式"组中的"右对齐"按钮。

7. 参照图3-1-1所示给A4:J17单元格区域设置表格框线,外框为粗单线,内部为细单线;将A4:J4单元格区域的填充颜色设置为"白色,背景1,深色25%"(第4行第1列),将J5:J14、D15:J15单元格区域的填充颜色设置为"红色,强调文字颜色2,淡色40%"(第4行第6列)。

操作步骤:

(1)选中A4:J17单元格区域并右击,在弹出的快捷菜单中选择"设置单元格格式"命令,弹出"设置单元格格式"对话框,选择"边框"选项卡,在左侧"线条"选项组的"样式"列表框中选择"粗单线",在右侧"预置"选项组单击"外边框",然后在左侧"线条"选项组的"样式"列表框中选择"细单线",在右侧"预置"选项组单击"内部",如图3-1-6所示,单击"确定"按钮。

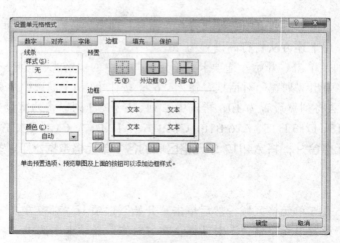

图 3-1-6　"设置单元格格式"对话框中的"边框"选项卡

（2）选中 D15:H15 单元格区域并右击，在弹出的快捷菜单中选择"设置单元格格式"命令，弹出"设置单元格格式"对话框，选择"边框"选项卡，在左侧"线条"选项组的"样式"列表框中选择"无"，在右侧"边框"选项组中单击"右边框"（取消单元格区域的右侧边框），单击"确定"按钮。

（3）选中 A4:J4 单元格区域，单击"开始"选项卡"字体"组中的"填充颜色"按钮，在下拉颜色列表中选中第 4 行第 1 列的颜色。

（4）按住【Ctrl】键的同时选中 J5:J14、D15:J15 单元格区域，单击"开始"选项卡"字体"组中的"填充颜色"按钮，在下拉颜色列表中选中第 4 行第 6 列的颜色。

8. 将 J5:J14 单元格区域命名为"JE"；复制"入库单"工作表，并将复制的"入库单"工作表重命名为"入库单（空白）"，删除 Sheet2 工作表。

操作步骤：

（1）选中 J5:J14 单元格区域，单击"公式"选项卡"定义的名称"组中的"定义名称"按钮，在下拉列表中选择"定义名称"命令，弹出"新建名称"对话框，在"名称"文本框中输入"JE"，如图 3-1-7 示，单击"确定"按钮。

（2）右击"入库单"工作表标签，在弹出的快捷菜单中选择"移动或复制"命令，弹出"移动或复制工作表"对话框，在该对话框中勾选"建立副本"复选框，在"下列选定工作表之前"列表框中选定 Sheet2 工作表，单击"确定"按钮，如图 3-1-8 所示。

图 3-1-7　"新建名称"对话框

图 3-1-8　"移动或复制工作表"对话框

（3）右击"入库单（2）"工作表标签，在弹出快捷菜单中选择"重命名"命令，将原工作表标签重命名为"入库单（空白）"。

（4）右击"Sheet2"工作表标签，在弹出快捷菜单中选择"删除"命令，完成后可以单击"文件"选项卡中的"保存"命令，或直接单击快速访问工具栏中的"保存"按钮。

四、实训拓展

晨宇贸易有限公司销售部因业务需要，安排办公室人员设计制作一张"月度费用明细表"，相关数据和格式如图 3-1-9 所示。具体要求如下：

（1）新建一个工作簿文件，文件名为"月度费用明细表.xlsx"，保存在 C:\KS 文件夹中。

（2）在 Sheet1 工作表中参照图 3-1-9 在相应单元格中输入有关数据，并将工作表 Sheet1 重命名为"月度费用明细表"。

（3）标题文字采用黑体、22 磅、加粗，将 A1:G1 单元格区域合并居中。

图 3-1-9 "月度费用明细表"结果

（4）将 A6:A13、A14:A24、A25:B25 单元格区域分别合并居中，并使 A6:A13、A14:A24 单元格区域合并后的文字纵向排列。

（5）第 2、4 行的行高为 8，其余各行的行高均为 25，A 列的列宽为 10，B 列的列宽为 16，其余各列的列宽为 12。

（6）所有单元格内的文字（除标题外）大小均为 12，A5:G5、A6:A25 单元格区域内的文字加粗；除了 B6:B12、B14:B23 单元格区域水平左对齐、垂直居中外，其余单元格内容均水平、垂直居中。

（7）为 A5:G25 单元格区域添加边框线，外边框和内部均采用细单线。

实训 3.2　公式函数和工作表格式化

一、实训目的与要求

1．理解单元格地址的三种引用。

2．熟练掌握公式和函数的使用。

3．熟练掌握工作表的格式化。

4．掌握页眉/页脚和页面的设置。

二、实训内容

1．运用公式和函数进行各类数据统计。

2．设置行、列和单元格的格式和条件格式的应用。

3．页面设置和页眉/页脚的设置。

三、实训范例

机械 J1503 班 2015～2016 学年第一学期期末考试后，需要对“学生成绩表”进行分析和统计，并对该表格进行相应的格式化，制作图 3-2-1 所示的表格。

机械J1503班2016/8/8

机械J1503班2015～2016学年第一学期成绩表

学号	姓名	性别	思想品德	高等数学	机械基础	大学英语	计算机基础	总分	平均分	名次	获奖情况
20150103001	姚志东	男	82	78	92	65	94	411	82.2	9	
20150103002	胡伟芳	女	90	75	69	98	82	414	82.8	8	
20150103004	钱天锃	男	53	83	82	83	93	394	78.8	15	
20150103005	庄云怡	男	82	84	90	87	80	423	84.6	5	获奖
20150103006	唐娜	女	81	93	92	88	49	403	80.6	12	
20150103007	马小豪	男	69	90	86	80	83	408	81.6	10	
20150103008	郭丽敏	女	87	94	78	91	85	435	87	2	
20150103009	田云龙	男	56	83	84	94	91	408	81.6	10	
20150103010	芳　芳	女	80	89	91	82	87	429	85.8	3	获奖
20150103011	尾春雷	男	93	75	71	76	88	403	80.6	12	
20150103012	文慧	男	88	87	83	85	77	420	84	6	
20150103014	杨柳	男	84	82	72	81	69	388	77.6	16	
20150103015	程恒	男	62	81	77	70	90	380	76	19	
20150103016	李思文	女	81	87	62	92	75	397	79.4	14	
20150103017	龙小超	男	67	62	48	52	80	309	61.8	22	
20150103018	张成祥	男	86	65	60	69	83	363	72.6	20	
20150103019	蒋宇轩	男	84	83	92	92	87	438	87.6	1	获奖
20150103020	郁艳珍	女	80	90	61	94	90	415	83	7	
20150103021	单良仁	男	63	48	51	39	70	271	54.2	23	
20150103022	孙忠义	男	80	75	70	65	60	350	70	21	
20150103023	金思涵	女	86	80	90	83	87	426	85.2	4	获奖
20150103024	于静	男	68	78	80	65	90	381	76.2	18	
20150103025	马一文	男	81	72	68	89	76	386	77.2	17	
统计	平均分		77.5	79.7	76.0	79.1	81.1	辅导员签名：________			
	最高分		93	94	92	98	94				
	最低分		53	48	48	39	49				
	及格率		91.3%	95.7%	91.3%	91.3%	95.7%				

图 3-2-1　“学生成绩表”统计结果

1．打开实训素材中的“项目三\任务 2\学生成绩表.xlsx”工作簿文件，在相应单元格中计算每个学生的总分、平均分、名次。

操作步骤：

（1）双击实训素材中的“学生成绩表.xlsx”工作簿文件，或启动 Excel 2010，选择“文件”选项卡中的“打开”命令打开“学生成绩表.xlsx”工作簿文件。

（2）选中 I3 单元格，单击“开始”选项卡“编辑”组中的“Σ”按钮，选择 D3:H3 单元格区域，按【Enter】键确认，选中 I3 单元格，利用鼠标拖动该单元格右下角的“自动填充柄”至 I25 单元格，实现公式的复制。

（3）选中 J3 单元格，单击"开始"选项卡"编辑"组中的"Σ"右侧的按钮，在下拉菜单中选择"平均值"命令，如图 3-2-2 所示，选择 D3:H3 单元格区域，按【Enter】键确认，选中 J3 单元格，利用鼠标拖动该单元格右下角的"自动填充柄"至 J25 单元格，实现公式的复制。

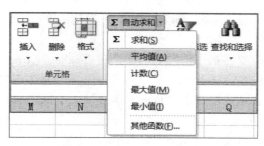

图 3-2-2　选择"平均值"命令

（4）选中 K3 单元格，单击"公式"选项卡"函数库"组中的"插入函数"按钮，弹出"插入函数"对话框（见图 3-2-3），在"搜索函数"文本框中输入"Rank"，单击"转到"按钮，在"选择函数"列表框中选中"RANK"，单击"确定"按钮，在弹出的 RANK 函数参数对话框中参照图 3-2-4 所示进行参数设置，单击"确定"按钮；选中 K3 单元格，利用鼠标拖动该单元格右下角的"自动填充柄"至 K25 单元格，实现公式的复制。

注意：Ref 参数必须要使用单元格的绝对引用。

图 3-2-3　"插入函数"对话框

图 3-2-4　RANK"函数参数"对话框

2. 根据规则统计每个学生的获奖情况，规则是：总分在 400 分以上（含 400 分），且各科成绩均在 80 分以上（含 80 分）的在相应单元格中显示"获奖"，否则为空。

操作步骤：

（1）选中 L3 单元格，单击"公式"选项卡"函数库"组中的"插入函数"按钮，弹出"插入函数"对话框，在"选择函数"列表框中选择"IF"，单击"确定"按钮，弹出 IF"函数参数"对话框。

（2）在"Logical_test"文本框中输入 I3<400，在"Value_if_true"文本框中输入："" （代表空字符串），光标停留在"Value_if_false"文本框中，直接单击编辑栏左侧的"IF"函数，弹出嵌套 IF 的函数参数对话框，在"Logical_test"文本框中输入 MIN(D3:H3)>=80，在"Value_if_true"文本框中输入"获奖"，在"Value_if_false"文本框中输入："" ，如图 3-2-5所示（注意查看"编辑栏"中的公式），单击"确定"按钮，最后利用鼠标拖动 L3 单元格右下角的"自动填充柄"到 L25 单元格，实现公式的复制。

注意：公式与函数中使用的标点符号均采用英文标点符号。

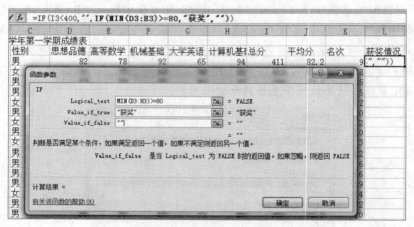

图 3-2-5　IF 函数的使用

3. 在 D26 开始的单元格区域内统计各科成绩的平均分、最高分、最低分和及格率，其中平均分保留 1 位小数，及格率采用百分比形式保留 1 位小数。

操作步骤：

（1）选中 D3:H26 单元格区域，单击"开始"选项卡"编辑"组中的"Σ"右侧的按钮，在下拉菜单中选择"平均值"命令，即可直接计算出各科的平均分；选中 D26:H26 单元格区域，通过单击"开始"选项卡"数字"组中的"减少小数位数"按钮使平均分的值保留 1 位小数。

（2）选中 D27 单元格，通过键盘直接输入函数"=MAX(D3:D25)"，按【Enter】键，选中 D27 单元格，利用鼠标拖动该单元格右下角的"自动填充柄"至 H27 单元格。

（3）选中 D28 单元格，通过键盘直接输入函数"=MIN(D3:D25)"，按【enter】键，选中 D28 单元格，利用鼠标拖动该单元格右下角的"自动填充柄"至 H28 单元格。

（4）选中 D29 单元格，输入公式"=COUNTIF(D3:D25,">=60")/COUNT(D3:D25)"，按【Enter】键，选中 D29 单元格，利用鼠标拖动该单元格的"自动填充柄"至 H29 单元格。选中 D29:H29

单元格区域，通过单击"开始"选项卡"数字"组中的"百分比样式"按钮和"增加小数位数"按钮设置其百分比样式，并保留1位小数。

4. 将标题文字设置为华文中宋、20磅，在A1:L1区域内跨列居中；将第2行的行高设置为30，其余各行的行高设置为20，除B列、I列、J列、K列的列宽为10外，其余各列均采用根据内容自动调整列宽。

操作步骤：

（1）选中A1单元格，单击"开始"选项卡"字体"组中的"字体"按钮，选择"华文隶书"，在"字号"列表中选择"20"磅。

（2）选中A1:L1单元格区域，单击"开始"选项卡"对齐方式"组右下角的"对话框启动器"按钮，弹出"设置单元格格式"对话框，选择"对齐"选项卡，在"水平对齐"下拉列表中选择"跨列居中"选项，如图3-2-6所示，单击"确定"按钮。

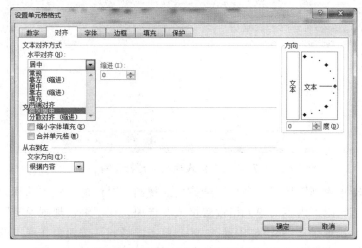

图3-2-6 "设置单元格格式"对话框的"对齐"选项卡

（3）选中第2行，单击"开始"选项卡"单元格"组中的"格式"按钮，在下拉列表中选择"行高"命令，在弹出的对话框中输入30；选中第3行至第29行，用上述方法设置行高为20。

（4）选中A列到L列的单元格区域，单击"开始"选项卡"单元格"组中的"格式"按钮，在下拉菜单中选择"自动调整列宽"命令；选中B列，然后按住【Ctrl】键，依次选中I列、J列、K列，单击"开始"选项卡"单元格"组中的"格式"按钮，在下拉菜单中选择"列宽"命令，在弹出的对话框中输入10。

5. 在I26单元格中输入"辅导员签名：_____"，根据图3-2-1所示合并相关单元格，将A26:A29单元格区域的文字纵向排列，所有单元格中的文字和数据字号均设置为12磅，对齐方式均采用水平、垂直居中。

（1）插入点定位在I26单元格中，输入文字内容为："辅导员签名：_____"。

（2）选中A26:A29单元格区域，单击"开始"选项卡"对齐方式"组右下角的"对话框启动器"按钮，弹出"设置单元格格式"对话框的"对齐"选项卡，如图3-2-6所示，勾选"合并单元格"复选项，在右侧"方向"栏中选择"纵向排列"，单击"确定"按钮。

（3）选中 B26:C26 单元格区域，单击"开始"选项卡"对齐方式"组中的"合并后居中"按钮，用相同的方法将 B27:C27、B28:C28、B29:C29、I26:L29 单元格区域合并。

（4）选中 A2:L29 单元格区域，在"开始"选项卡"字体"组中命令，在弹出的设置字号为 12 磅，分别单击"对齐方式"组中的"垂直居中"和"水平居中"按钮。

6. **设置条件格式，将 D3:H25 单元格区域内成绩大于等于 90 分的单元格用蓝色加粗显示，小于 60 分的单元格用红色加粗显示。**

操作步骤：

（1）选中 D3:H25 单元格区域，单击"开始"选项卡"样式"组中的"条件格式"按钮，在下拉菜单中选择"管理规则"命令，弹出"条件格式规则管理器"对话框，如图 3-2-7 所示。

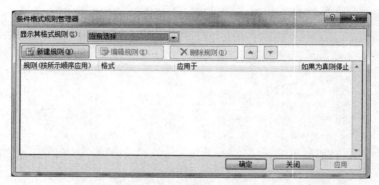

图 3-2-7 "条件格式规则管理器"对话框

（2）单击"新建规则"按钮，弹出"新建格式规则"对话框，在"选择规则类型"列表框中选择"只为包含以下内容的单元格设置格式"选项，在"编辑规则说明"选项组中，逻辑关系选择"大于或等于"，数值栏中输入 90，单击"格式"按钮，在弹出的"设置单元格格式"对话框中设置字体格式为"蓝色、加粗"，单击"确定"按钮返回到图 3-2-8 所示的对话框，再单击"确定"按钮，返回到"条件格式规则管理器"对话框。

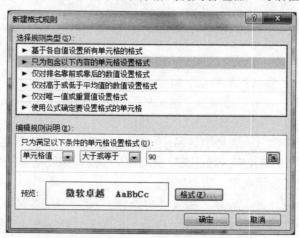

图 3-2-8 "新建格式规则"对话框

（3）再次单击"新建规则"按钮，弹出"新建格式规则"对话框，在"选择规则类型"

列表框中选择"只为包含以下内容的单元格设置格式"选项，在"编辑规则说明"选项组中，逻辑关系选择"小于"，数值栏中输入 60，单击"格式"按钮，在弹出的"设置单元格格式"对话框中将字体格式设置为"红色、加粗"，单击"确定"按钮返回，再单击"确定"按钮，返回到"条件格式规则管理器"对话框，如图 3-2-9 所示，最后单击"确定"按钮完成设置。

图 3-2-9　建立好规则的"条件格式规则管理器"对话框

7. 表格列标题（A2:L2）所在单元格区域设置文字颜色为白色，填充颜色为"浅蓝"，其余各行参照样张采用间隔的方法将区域的填充颜色设置为"深蓝，文字 2，淡色 80%"，参照样张添加表格边框。

操作步骤：

（1）选中 A2:L2 单元格区域，通过单击"开始"选项卡"字体"组中的"字体颜色"下拉按钮，选择"白色"；通过"填充颜色"下拉按钮选择标准色中的"浅蓝"。

（2）选中 A4:L4 单元格区域，然后按住【Ctrl】键，依次选中 A6:L6、A8:L8、A10:L10、A12:L12、A14:L14、A16:L16、A18:L18、A20:L20、A22:L22、A24:L24 单元格相间隔的区域，单击"开始"选项卡"字体"组中"填充颜色"下拉按钮，选择"深蓝，文字 2，淡色 80%"。

（3）选中 A2:L29 单元格区域并右击，选择"设置单元格格式"命令，在弹出的对话框中选择"边框"选项卡，在"样式"中选择"粗单线"，在"预置"中选择"外边框"，在"样式"中选择"细单线"，在"预置"中选择"内部"，单击"确定"按钮。

（4）选中 A3:L25 单元格区域并右击，选择"设置单元格格式"命令，在弹出的对话框中选择"边框"选项卡，在"样式"中选择"粗单线"，在"边框"中分别选择"上框线"和"下框线"。

（5）选中 H2:H29 单元格区域并右击，选择"设置单元格格式"命令，在弹出的对话框中选择"边框"选项卡，在"样式"中选择"粗单线"，在"边框"中选择"右框线"。

8. 设置页面，将工作表调整为一页，上、下页边距为 2 cm，左、右页边距为 1.5 cm，并在页眉左侧添加文字"机械 J1503 班"和日期。

操作步骤：

（1）选择"文件"选项卡中的"打印"命令，弹出打印机设置界面，在中间的"设置"区域中单击"无缩放"按钮，在展开的列表中选择"将工作表调整为一页"选项，如图 3-2-10 所示。

（2）单击"正常边距"按钮，在展开的列表中选择"自定义边距"命令，弹出"页面设置"对话框，设置上、下页边距为 2 cm，左、右页边距为 1.5 cm，如图 3-2-11 所示。

実训3　Microsoft Excel 的应用

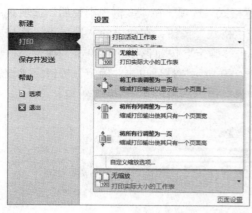

图 3-2-10　打印设置　　　　　图 3-2-11　页边距设置

（3）单击"视图"选项卡"工作簿视图"组中的"页面布局"按钮，使工作簿窗口切换到页面布局窗口，光标定位于左侧页眉的区域，输入文字"机械 J1503 班"。

（4）光标定位于上述文字的后面，单击"页眉和页脚工具/设计"选项卡"页眉和页脚元素"组中的"当前日期"按钮，如图 3-2-12 所示。

（5）完成后可以选择"文件"选项卡中的"另存为"命令，将该工作簿文件以原文件名保存在 C:\KS 文件夹中。

图 3-2-12　设置页眉

四、实训拓展

1. 打开实训素材中的"项目三\任务 2\个税计算.xlsx"工作簿文件，按下列要求进行操作，操作完成后以原文件名保存在 C:\KS 文件中。操作结果如图 3-2-13 所示。

（1）利用公式计算每个职工的"绩效奖励"（（等级工资+聘任津贴）×绩效基数）、应发合计（等级工资＋聘任津贴＋绩效奖励）、三险一金（应发合计×18%）、应交税额（应发合计－三险一金-3 500）。

（2）根据 2016 年工资缴税标准来统计每个员工的应缴个税，规则：如果应缴税额大于等于 8 500，则个税为：应缴税额×25%-975，如果应缴税额大于等于 4 000，且小于 8 500，则个税为：应缴税额×20%-525，如果应缴税额大于等于 1 000，且小于 4 000，则个税为：应缴税额×10%-75，如果应缴税额小于 1 000，则个税为：应缴税额×5%-0。（个税计算公式：应缴税额×税率-速算扣除数）

	行政部门员工2016年6月工资表										
										绩效系数	0.85
员工编号	姓名	部门	职务	等级工资	聘任津贴	绩效奖励	应发合计	三险一金	应缴税额	应缴个税	实发工资
XZ009001	党安琪	人事部	董事长	6,000.00	2,000.00	6,800.00	14,800.00	2,664.00	8,636.00	1,184.00	10,952.00
XZ009002	肖龙	研发部	经理	4,500.00	1,500.00	5,100.00	11,100.00	1,998.00	5,602.00	595.40	8,506.60
XZ009003	韩丽	研发部	普通员工	3,100.00	800.00	3,315.00	7,215.00	1,298.70	2,416.30	166.63	5,749.67
XZ009004	成华峰	销售部	普通员工	2,300.00	800.00	2,635.00	5,735.00	1,032.30	1,202.70	45.27	4,657.43
XZ009005	刘雯娟	人事部	普通员工	2,800.00	800.00	3,060.00	6,660.00	1,198.80	1,961.20	121.12	5,340.08
XZ009006	付晓强	厂办	经理	3,600.00	1,500.00	4,335.00	9,435.00	1,698.30	4,236.70	322.34	7,414.36
XZ009007	孙小平	研发部	普通员工	3,500.00	800.00	3,655.00	7,955.00	1,431.90	3,023.10	227.31	6,295.79
XZ009008	王亚萍	研发部	副经理	3,800.00	1,200.00	4,250.00	9,250.00	1,665.00	4,085.00	292.00	7,293.00
XZ009009	杨淑琴	财务部	普通员工	2,500.00	700.00	2,720.00	5,920.00	1,065.60	1,354.40	60.44	4,793.96
XZ009010	王华荣	销售部	普通员工	3,000.00	800.00	3,230.00	7,030.00	1,265.40	2,264.60	151.46	5,613.14
XZ009011	姚小奇	生产部	经理	4,300.00	1,500.00	4,930.00	10,730.00	1,931.40	5,298.60	534.72	8,263.88
XZ009012	杨海涛	研发部	普通员工	3,000.00	800.00	3,230.00	7,030.00	1,265.40	2,264.60	151.46	5,613.14
XZ009013	于伟平	生产部	普通员工	2,900.00	700.00	3,060.00	6,660.00	1,198.80	1,961.20	121.12	5,340.08
XZ009014	李泉波	财务部	经理	3,900.00	1,200.00	4,335.00	9,435.00	1,698.30	4,236.70	322.34	7,414.36
XZ009015	李正荣	人事部	普通员工	2,700.00	800.00	2,975.00	6,475.00	1,165.50	1,809.50	105.95	5,203.55
XZ009016	吴海燕	人事部	副经理	4,000.00	1,200.00	4,420.00	9,620.00	1,731.60	4,388.40	352.68	7,535.72
XZ009017	周莉莉	销售部	经理	3,200.00	1,500.00	3,995.00	8,695.00	1,565.10	3,629.90	287.99	6,841.91
XZ009018	谢杰	厂办	普通员工	2,800.00	800.00	3,060.00	6,660.00	1,198.80	1,961.20	121.12	5,340.08
XZ009019	汤建	生产部	普通员工	2,900.00	700.00	3,060.00	6,660.00	1,198.80	1,961.20	121.12	5,340.08

图 3-2-13 "个税计算"结果

注意：本例中对于应缴税额在 34 500 元以上的暂不讨论。

（3）利用公式计算实发工资（应发合计－三险一金－应缴个税）。

2．打开实训素材中的"项目三\任务 2\出库单.xlsx"工作簿文件，按下列要求进行操作，操作完成后以原文件名保存在 C:\KS 文件中。操作结果如图 3-2-14 所示。

（1）设置标题文字的格式为：宋体、24 磅、加粗、在 A1:J1 单元格区域内跨列居中。

（2）将 F5:F14 单元格区域命名为"SL"，I5:I14 单元格区域命名为"JE"，利用公式计算金额（数量×单价），在 F15、I15 单元格中使用函数分别计算"SL""JE"区域的合计。

（3）合并相关的单元格，A2:J16 单元格区域内的文字和数据的大小设置为 12 磅，水平、垂直居中，将单价和金额数据设置千分位分隔，保留 2 位小数。

（4）将第 1 行～第 4 行和第 16 行的行高设置为 30，其余各行的行高设置为 20，A 列到 G 列自动调整列宽，H 列、I 列的列宽为 14，J 列的列宽为 18。

（5）参照样张添加表格边框，外框用双线，内部用细单线，列标题行的填充颜色为"浅蓝色"，其他相间隔行的填充颜色为"橄榄色，强调文字颜色 3，淡色 60%，（第 3 行第 7 列）。

（6）设置页面格式为：横向打印，水平居中，上、下、左、右页边距为 2 cm。

慧鱼IT科技公司出库单

_____年____月____日

供应商：				项目：				单据号：	
序号	调码	品名	规格	类别	数量	单位	单价	金额	备注
1	1214	希捷硬盘	500G	硬盘	50	块	560.00	28,000.00	
2	1815	飞利浦液晶显示器	22'	显示器	32	台	1,300.00	41,600.00	
3	1215	迈拓硬盘	1T	硬盘	14	块	868.00	12,152.00	
4	9312	先锋DVD-ROM	16X	光驱	35	台	120.00	4,200.00	
5	6545	金士顿内存	DDR3 2G	内存	45	条	189.00	8,505.00	
6	6546	金士顿内存	DDR3 8G	内存	34	条	409.00	13,906.00	
7	5121	华硕主板	P8B75-M	主板	153	块	549.00	83,997.00	
8	5126	华硕主板	P8Z77-V PRO	主板	41	块	1,699.00	69,659.00	
9									
10									
		合计			404			262,019.00	

采购人： 经办人：

图 3-2-14 "出库单"结果

实训 3.3　图表和数据管理

一、实训目的与要求

1. 掌握 Excel 中数据的管理和分析。
2. 掌握数据的排序、筛选、分类汇总、数据透视表的操作。
3. 掌握 Excel 图表的创建和设置。

二、实训内容

1. 单关键字和多关键字的排序操作。
2. 自动筛选和高级筛选的操作。
3. 分类汇总的建立和分级显示。
4. 数据透视表的建立和设置。
5. 创建图表和图表的格式化。

三、实训范例

实训素材"项目三\任务 3\工资表.xlsx"工作簿文件中利用三个工作表分别记录着雨禾集团公司行政部门所有员工在 2016 年 4 月～6 月的工资情况，如图 3-3-1 所示，现要求利用公式函数计算各项数据，对表格作适当的格式化，并通过分类汇总、图表、透视表等方法对数据进行管理。

1. 对"4 月"工作表中的数据按"部门"升序排到，若"部门"相同则按"职务"升序排列，若"职务"相同则按"实发工资"降序排列。

操作步骤：

（1）单击"4 月"工作表标签，选中该工作表中的 A3:K22 单元格区域，单击"开始"选项卡"编辑"组中的"排序和筛选"按钮，在下拉菜单中选择"自定义排序"命令，弹出"排序"对话框。

图 3-3-1　2016 年 4 月～6 月员工工资情况

（2）在"排序"对话框中，在"主要关键字"下拉列表中选择"部门"，在"排序依据"

下拉列表中选择"数值"，在"次序"下拉列表中选择"升序"。

（3）单击"添加条件"按钮，添加"次要关键字"行，在"次要关键字"下拉列表中选择"职务"，在"排序依据"下拉列表中选择"数值"，在"次序"下拉列表中选择"升序"。

（4）再单击"添加条件"按钮，添加"次要关键字"行，在"次要关键字"下拉列表中选择"实发工资"，在"排序依据"下拉列表中选择"数值"，在"次序"下拉列表中选择"降序"，如图 3-3-2 所示。

说明："排序"操作也可以单击"数据"选项卡"排序和筛选"组中的"排序"按钮来完成。

图 3-3-2 "排序"对话框

2. 对"4月"工作表中的数据筛选出实发工资大于 5 000 的普通员工，把筛选结果复制到 A24 开始的区域，然后再取消筛选。

（1）选中 A3:K22 单元格区域，单击"开始"选项卡"编辑"组中的"排序和筛选"按钮，在下拉菜单中选择"筛选"命令，在每个列标题的右侧出现"筛选"标记。

（2）单击"职务"列标题右侧的"筛选"标记，在下拉列表中勾选"普通员工"复选框，再单击"实发工资"列标题右侧的"筛选"标记，在下拉列表中选择"数字筛选"→"大于"命令，弹出"自定义自动筛选方式"对话框。

（3）在对话框左侧的列表中选择"大于"，在右侧文本框中输入 5000，如图 3-3-3 所示，单击"确定"按钮。

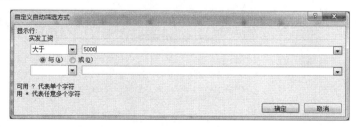

图 3-3-3 "自定义自动筛选方式"对话框

（4）选中筛选结果，单击"开始"选项卡"剪贴板"组中的"复制"按钮，再选中 A24 单元格，单击"开始"选项卡"剪贴板"组中的"粘贴"按钮。

（5）单击"数据"选项卡"排序和筛选"组中的"筛选"按钮，即可取消筛选。

3. 对"4月"工作表中的数据筛选出实发工资大于 8 000 的经理和实发工资大于 5 500 的普通员工，把筛选结果复制到 A37 开始的区域（筛选条件可建立在 M3 开始的区域）。

操作步骤：

（1）参照图 3-3-4，在 M3 单元格开始的区域内建立筛选条件区域。

（2）选中 A3:K22 单元格区域，单击"数据"选项卡"排序和筛选"组中的"高级"按钮，弹出"高级筛选"对话框，如图 3-3-5 所示，设置完成后单击"确定"按钮。

图 3-3-4　高级筛选的条件　　　　图 3-3-5　"高级筛选"对话框

4. 对"5月"工作表中的数据利用分类汇总的方法统计各部门"实发工资"的总和，分级显示 2 级明细。

操作步骤：

（1）单击"5月"工作表标签，选中该工作表中的 A3:K22 单元格区域，单击"数据"选项卡"排序和筛选"组中的"排序"按钮，弹出"排序"对话框，选择主要关键字"部门"，单击"确定"按钮。

（2）单击"数据"选项卡"分级显示"组中的"分类汇总"按钮，弹出"分类汇总"对话框，在"分类字段"中选择"部门"，"汇总方式"选择"求和"，在"选定汇总项"中勾选"实发工资"复选框，如图 3-3-6 所示，单击"确定"按钮。

（3）单击工作表左侧分级显示栏上的"2"按钮。

图 3-3-6　"分类汇总"对话框

5. 利用上述对"5月"工作表分类统计的各部门"实发工资"总和，在 C31：I45 单元格区域制作一个如图 3-3-7 所示的柱形图。图表样式为"样式16"，无图例，显示数据；绘图区填充采用"羊皮纸"，纵坐标的刻度线在内部；图表中除标题字体大小为 14 磅外，其余均为 10 磅，整个图表区外框采用 3 磅粗线圆角阴影，形状样式为"彩色轮廓–橙色，强调颜色 6"。

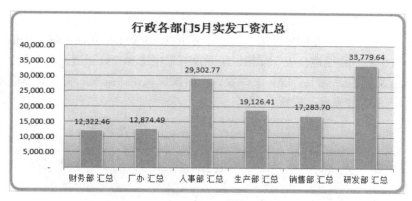

图 3-3-7　柱形图

（1）保持上题 2 级明细的显示，选中 C3、C6、C9、C14、C18、C22、C28 和 K3、K6、K9、K14、K18、K22、K28 单元格，单击"插入"选项卡"图表"组中的"柱形图"按钮，在下拉菜单中选择"簇状柱形图"命令，即可直接创建一个柱形图。

（2）利用鼠标调整图表大小，并移动到 C31：I45 单元格区域，选择"图表工具/设计"选项卡"图表样式"组中的"样式 16"。

（3）选中图表，单击"图表工具/布局"选项卡"标签"组中的"图例"按钮，在下拉菜单中选择"无"命令，在"数据标签"下拉菜单中选择"数据标签外"命令。

（4）选中图表，单击"图表工具/布局"选项卡"坐标轴"组中的"坐标轴"按钮，在下拉菜单中选择"主要纵坐标轴"→"其他主要纵坐标轴选项"命令，弹出"设置坐标轴格式"对话框，在对话框中将"主要刻度线类型"选择为"内部"，单击"关闭"按钮。

（5）选中图表，单击"图表工具/布局"选项卡"背景"组中的"绘图区"按钮，在下拉菜单中选择"其他绘图区选项"命令，弹出"设置绘图区格式"对话框，在"填充"类中选中"渐变填充"，预设颜色中选择"羊皮纸"，单击"关闭"按钮。

（6）选中图表，单击"图表工具/格式"选项卡"形状样式"组中的"其他"按钮，在展开的列表中选择"彩色轮廓-橙色，强调颜色 6"，再单击右下角的"对话框启动器"，弹出"设置图表区格式"对话框，在"边框样式"组中将"宽度"设置为 3，并勾选"圆角"复选框；在"阴影"组中选择"预设"列表中的"右下斜偏移"，单击"关闭"按钮。

（7）选中图表，单击"开始"选项卡"字体"组中的按钮将字号设置为 10 磅，光标定位于标题中，更改标题为"行政各部门 5 月实发工资汇总"，选中标题文字，将字号设置为 14。

6. 对"6 月"工作表中的数据在 B24 单元格开始的位置制作一个如图 3-3-8 所示的数据透视表，透视表中的数据保留 2 位小数，透视表样式采用镶边行，深色 5。

平均值项:实发工资	列标签		
行标签	经理	普通员工	总计
财务部	7548.18	4888.42	6218.30
厂办	7548.18	5446.35	6497.27
人事部	11148.80	6141.80	7393.55
生产部	8416.07	5446.35	6436.26
销售部	6980.65	5237.13	5818.30
研发部	8664.04	6359.26	6820.22

图 3-3-8　数据透视表

操作步骤：

（1）单击"6月"工作表标签，选中该工作表中的 A3:K22 单元格区域，单击"插入"选项卡"表格"组中的"数据透视表"按钮，在下拉菜单中选择"数据透视表"命令，弹出"创建数据透视表"对话框，选中"现有工作表"单击按钮，在"位置"文本框中输入 B24，如图 3-3-9 所示，单击"确定"按钮。

图 3-3-9　"创建数据透视表"对话框

（2）在工作表窗口右侧的"数据透视表字段列表"窗格中，将"部门"字段拖动到"行标签"列表中，将"职务"字段拖到"列标签"列表中，将"实发工资"字段拖动到"数据"列表中，单击数值列表中的字段，在下拉菜单中选择"值字段设置"命令，在弹出的对话框中将"计算类型"设置为"平均值"，单击"确定"按钮，如图 3-3-10 所示。

（3）选中数据区并右击，在弹出的快捷菜单中选择"数字格式"命令，设置数字小数位数为 2 位。

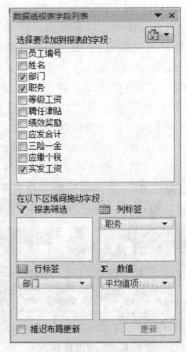

图 3-3-10　数据透视表字段列表

（4）将光标停留在数据透视表内，单击"数据透视表/设计"选项卡"布局"组中的"总计"按钮，在下拉菜单中选择"仅对行启用"命令。

（5）将光标停留在数据透视表内，单击"数据透视表/设计"选项卡"数据透视表样式"组中的"其他"按钮，在展开的下拉列表中选择深色区中的"数据透视表样式深色 2"，在"数据透视表样式选项"组中勾选"镶边行"复选框，效果如图 3-3-8 所示。

（6）完成后选择"文件"选项卡中的"另存为"命令，将该工作簿文件以原文件名保存在 C:\KS 文件夹中。

四、实验拓展

打开实训素材"项目三\任务 3\采购表.xlsx"工作簿文件，按下列要求操作，操作完成后以原文件名保存在 C:\KS 文件夹中。

（1）将"品牌"列移动到"商品"列的前面，计算采购金额（采购盒数×每盒数量×单价）。

（2）复制 Sheet1 工作表中的数据到 Sheet2、Sheet3 工作表中。

（3）对 Sheet1 工作表中的数据"品牌"按升序排列，若"品牌"相同则按"商品"降序排列，若"商品"相同则按"寿命（小时）"降序排列。

（4）对 Sheet1 工作表中的数据进行筛选，筛选条件是寿命在 1 500 h 以上的白炽灯。

（5）对 Sheet2 工作表中的数据采用分类汇总的方法汇总各品牌中各类商品的采购总金额。

（6）按照图 3-3-11 所示的 Sheet2 工作表数据，在 B41:G55 单元格区域内创建一个柱形图，采用圆角边框，图表样式采用"样式 21"，形状样式采用"彩色轮廓-橄榄色，强调颜色 3"，标题文字更改为"飞利浦各类白炽灯采购总额"，字号大小为 16 号。

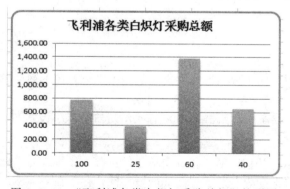

图 3-3-11 "飞利浦各类白炽灯采购总额"柱形图

（7）对 Sheet3 工作表中的数据在 B25 开始的区域内创建一个如图 3-3-12 所示的数据透视表，所有数据均保留两位小数。

求和项:采购总额	列标签				
行标签	LED灯	白炽灯	氖灯	日光灯	总计
飞利浦	2970.00	3196.80	6400.00	1260.00	13826.80
雷士	2322.00	1306.80	1200.00	3525.00	8353.80
欧普	13350.00	1770.00	2800.00	1440.00	19360.00
总计	18642.00	6273.60	10400.00	6225.00	41540.60

图 3-3-12 数据透视表

实训④

➡ Microsoft PowerPoint 的应用

实训 4.1 演示文稿的基本操作

一、实训目的与要求

1. 掌握演示文稿的新建、打开、保存和退出。
2. 掌握幻灯片母版和主题的应用。
3. 熟练掌握幻灯片的基本编辑操作。
4. 熟练掌握在幻灯片中插入各类对象。

二、实训内容

1. 演示文稿的新建和幻灯片母版的设置。
2. 文本和段落格式的设置。
3. 幻灯片的插入、复制、移动和删除。
4. 各类对象的插入与设置。
5. 逻辑节的设置。

三、实训范例

使用实训素材"项目四\任务 1"文件夹中的相关素材，按下列要求操作，将最终结果以"慧雅诗韵.pptx"为文件名，保存在 C:\KS 文件夹中。

1. 新建空白演示文稿"慧雅诗韵.pptx"，将幻灯片的大小设置为"全屏显示（16:9）"。

操作步骤：

（1）启动 PowerPoint 2010，默认将自动新建仅包含一张版式为"标题幻灯片"的空白演示文稿，将该演示文稿保存为"慧雅诗韵.pptx"文件，存放在 C:\KS 文件夹中。

（2）单击"设计"选项卡"页面设置"组中的"页面设置"按钮，弹出"页面设置"对话框，选择"幻灯片大小"为"全屏显示（16:9）"，如图 4-1-1 所示，然后单击"确定"按钮返回。

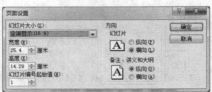

图 4-1-1 "页面设置"对话框

2. 设置幻灯片母版，将所有母版的背景色设置为渐变色（R:255、G:255、B:204，透明度：0%、50%、80%），将 btbj.png 图片作为"标题幻灯片"版式的背景图片，将 bj.png 图片作为"标题和内容"和"空白"版式幻灯片的背景图片。

操作步骤：

（1）单击"视图"选项卡"母版视图"组中的"幻灯片母版"按钮，将操作界面切换到幻灯片母版视图，如图 4-1-2 所示。

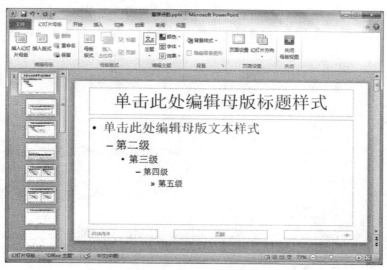

图 4-1-2　母版编辑视图

（2）选择左侧版式列表中的第一个版式（Office 主题幻灯片母版，又称全局母版），单击"幻灯片母版"选项卡"背景"组中的"背景样式"按钮，在下拉列表中选择"设置背景格式"命令，弹出"设置背景格式"对话框。

（3）在"填充"选项组中选中"渐变填充"单选按钮，在"渐变光圈"选项组中选择最左侧的色标，单击下面的"颜色"按钮，选择"其他颜色"命令，弹出"颜色/自定义"对话框，输入 RGB 三种颜色的数值（255、255、204），单击"确定"按钮返回，然后将透明度设置为 0%，如图 4-1-3 所示。

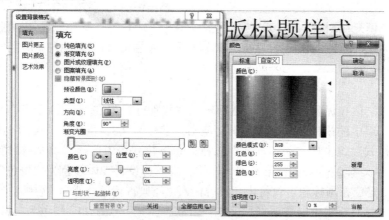

图 4-1-3　设置渐变的颜色和透明度

（4）用相同的办法，将中间和右侧色块的颜色均设置为（R:255、G:255、B:204），中间色块的透明度为50%，右侧色块的透明度为80%，单击"关闭"按钮。

（5）选择左侧版式列表中的第二个版式（标题幻灯片版式），单击"插入"选项卡"图像"组中的"图片"按钮，弹出"插入图片"对话框，选择素材文件夹中的"btbj.png"图片；再选择左侧版式列表中的第三个版式（标题和内容版式），将"bj.png"图片插入进来作为其背景图片，用相同的方法，将该图片插入到"空白"版式上。

（6）单击"幻灯片母版"选项卡"关闭"组中的"关闭母版视图"按钮，或单击"视图"选项卡"演示文稿视图"组中的"普通视图"按钮，都可返回演示文稿编辑状态，如图4-1-4所示。

图4-1-4　母版设置后的普通视图

3. 在第1张标题幻灯片的标题占位符中输入"慧雅诗韵"，字体为华文琥珀、字号为60、艺术字样式为"填充–橄榄色，强调文字颜色3，轮廓–文本2"，文字颜色为橙色；在副标题占位符中输入"经典古诗词欣赏"，字体为微软雅黑、字号为24，颜色为"黑色，文字1，淡色50%"。

操作步骤：

（1）插入点定位在标题占位符中，然后输入"慧雅诗韵"。选中这4个字，利用"开始"选项卡"字体"组中的按钮设置字体为华文琥珀，字号为60，再单击"绘图工具/格式"选项卡"艺术字样式"组中的"快速样式"按钮，在下拉列表中选择"填充–橄榄色，强调文字颜色3，轮廓–文本2"（第1行第5列）样式，最后再设置字体颜色为"橙色"。

（2）插入点定位在副标题占位符中，然后输入"经典古诗词欣赏"。选中这7个字，利用"开始"选项卡"字体"组中的按钮设置字体为微软雅黑、字号为24，颜色为"黑色，文字1，淡色50%"。效果如图4-1-5所示。

图 4-1-5　插入标题后的效果

4. 新建一张版式为"空白"的幻灯片,在页面左上方插入图片"1.png",利用文本框在图片上方添加两个字"目录",字体为微软雅黑、加粗、字号为 18、白色。

操作步骤:

(1)单击"开始"选项卡"幻灯片"组中的"新建幻灯片"按钮,在下拉列表中选择"空白"版式。

(2)单击"插入"选项卡"图像"组中的"图片"按钮,插入"1.png"图片,放置在页面左上方。

(3)单击"插入"选项卡"文本"组中的"文本框"按钮,在下拉列表中选择"横排文本框"命令,在指定位置定位光标后输入"目录"两个字,并设置字体为微软雅黑、加粗、字号为 18、白色,如图 4-1-6 左上方所示。

5. 在页面中间插入"垂直图片列表"的 SmartArt 图形,根据图 4-1-6 所示的效果,选用"2.png"图片和输入相关文本(字体为微软雅黑,字号为 20,颜色为"黑色,文字 1,淡色 35%"),将整个 SmartArt 图形的高度设置为 7 cm,宽度设置为 13 cm,将各个框的填充色和轮廓均设置为"无",插入"3.png"图片作为文本的下线。

图 4-1-6　插入并设置 SmartArt 图形的效果图

操作步骤:

(1)单击"插入"选项卡"插图"组中的"SmartArt"按钮,在下拉列表中选择"垂直图片列表"样式,单击"确定"按钮。

(2)在左侧"在此处键入文字"窗格中,单击图片可选择"2.png"图片,在文本区输入文字"描写春天景物的诗词",按【Delete】键删除下面多余的内容。

（3）使用相同的方法设置另外三个图片列表的图片和文本（默认只有三个列表，要添加列表只需在第三个列表文本的末尾按【Enter】键即可增加一个列表项），效果如图 4-1-7 所示。

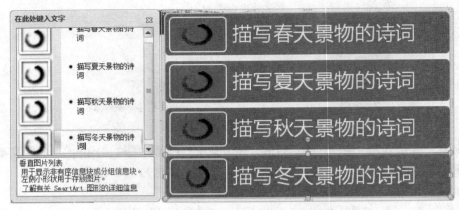

图 4-1-7　设置"垂直图片列表"的图片和文本

（4）选择文本，利用"开始"选项卡"字体"组中的按钮设置字体为微软雅黑，字号 20，颜色为"黑色，文字 1，淡色 35%"，选中整个 SmartArt 图形，利用"SmartArt 工具/格式"选项卡"大小"组来调整其高度为 7 cm，宽度为 13 cm；适当调整其在整个页面的位置。

（5）依次选中各个矩形框，利用"SmartArt 工具/格式"选项卡"形状样式"组中的"形状填充"和"形状轮廓"按钮，将各个矩形框的填充色和轮廓均设置为"无"。

（6）单击"插入"选项卡"图像"组中的"图片"按钮，插入"3.png"图片，放置在文本的下方，再复制 3 个调整位置即可。设置效果见图 4-1-6。

6. 新建一张版式为"标题和内容"的幻灯片，根据图 4-1-8 所示的效果，在"标题"占位符中输入文字"描写春天景物的诗词"，字体为微软雅黑，字号为 36；在"内容"占位符中将"古诗词.pptx"演示文稿中的"咏柳"诗句复制过来，字体为微软雅黑，字号为 20（作者名字号为 14），颜色为"黑色，文字 1，淡色 35%"，段落格式为居中、行间距为 1.5 倍；插入"3.png"图片作为标题和内容间的分隔线，将其宽度设置为 16 cm。

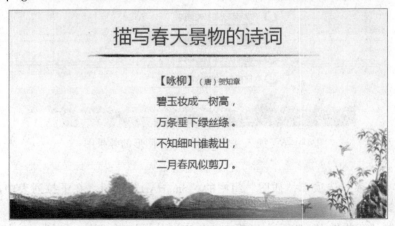

图 4-1-8　"标题和内容"幻灯片的设置效果

操作步骤：

（1）单击"开始"选项卡"幻灯片"组中的"新建幻灯片"按钮，在下拉列表中选择"标题和内容"版式，如图 4-1-9 所示。

（2）在"标题"占位符中输入文字"描写春天景物的诗词"，利用"开始"选项卡"字体"组中的按钮设置字体为微软雅黑，字号为 36。

（3）打开素材"古诗词.pptx"演示文稿，找到"咏柳"诗句，利用复制的方法将其粘贴至新建幻灯片的"内容"占位符中，利用"开始"选项卡"字体"组中的按钮设置字体为微软雅黑，字号为 20 和 14，颜色为"黑色，文字 1，淡色 35%"；利用"段落"组中的按钮设置段落格式（居中、1.5 倍行间距）。

（4）单击"插入"选项卡"图像"组中的"图片"按钮，插入"3.png"图片，放置在标题文本的下方；单击"图片工具/格式"选项卡"大小"组右下角的对话框启动器，弹出"设置图片格式"对话框设置其宽度为 16 cm，高度不变。

（5）将"内容"占位符适当往下移动，最终效果见图 4-1-8。

7. 使用上述相同的方法添加后面 7 张"标题和内容"版式的幻灯片，有关诗句的文本可从"古诗词.pptx"演示文稿复制。

操作步骤：

（1）重复上述方法新建第 4～10 张幻灯片，或者右击视图左侧"幻灯片"窗格中的第 3 张幻灯片，在弹出的快捷菜单中选择"复制幻灯片"命令，如图 4-1-10 所示，然后将其中的内容更改掉即可，依此类推来新建第 5～10 张幻灯片。

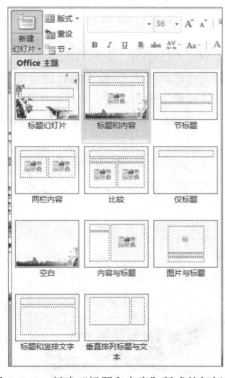

图 4-1-9　新建"标题和内容"版式的幻灯片

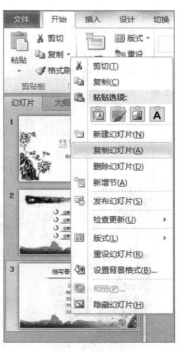

图 4-1-10　复制幻灯片

（2）单击"视图"选项卡"演示文稿视图"组中的"幻灯片浏览"按钮，切换到"幻灯片浏览"视图，如图 4-1-11 所示。

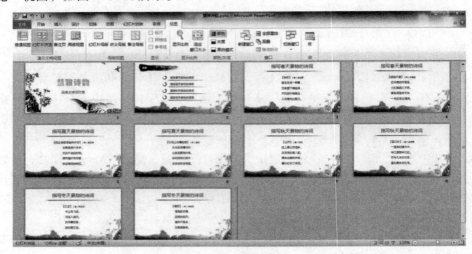

图 4-1-11　　"幻灯片浏览"视图

8. 新建一张版式为"标题"的幻灯片作为结束页，在"主标题"占位符中输入"THANK YOU！"，设置其艺术字样式为"填充-橄榄色，强调文字颜色 3，轮廓-文本 2"，文本效果为"紧密映像，8pt 偏移量"，字号为 60，颜色为橙色。

操作步骤：

（1）单击"开始"选项卡"幻灯片"组中的"新建幻灯片"按钮，在下拉列表中选择"标题幻灯片"版式。

（2）在"标题"占位符中输入文本"THANK YOU！"，单击"绘图工具/格式"选项卡"艺术字样式"组中的"快速样式"按钮，在下拉列表中选择"填充-橄榄色，强调文字颜色 3，轮廓-文本 2"（第 1 行第 5 列）样式；单击"文本效果"按钮，在下拉列表中选择"映像"→"紧密映像，8pt 偏移量"效果；最后再设置字号为 60，颜色为"橙色"。效果如图 4-1-12 所示。

图 4-1-12　结束页的效果

9. 在第一张幻灯片中插入音频文件"桃李园序.mp3"，并将该音乐作为幻灯片放映时循环播放的背景音乐。

操作步骤：

（1）选中第 1 张幻灯片，单击"插入"选项卡"媒体"组中的"音频"按钮，插入实训素材中的音频文件"桃李园序.mp3"。

（2）选中幻灯片中的喇叭图标，在"音频工具/播放"选项卡"音频选项"组中选中"循环播放直到停止"和"放映时隐藏"复选框，如图 4-1-13 所示。

图 4-1-13　设置音频选项

10. 给整个演示文稿第 1、3、5、7、9、11 张幻灯片设置 6 个逻辑节，名称分别是"开头""春天""夏天""秋天""冬天""结尾"。

操作步骤：

（1）右击第 1 张幻灯片，在弹出的快捷菜单中选择"新增节"命令，即在第 3 张幻灯片前插入一个节，右击该节，在弹出的快捷菜单中选择"重命名节"命令（见图 4-1-14），弹出"重命名节"对话框，输入节名称"开头"即可。

（2）使用相同的方法在第 3、5、7、9、11 张幻灯片处设置另外 5 个节，节名称分别为"春天""夏天""秋天""冬天""结尾"。整个效果如图 4-1-15 所示。

图 4-1-14　重命名节

图 4-1-15　设置节的效果

四、实训拓展

启动 PowerPoint 2010，打开实训素材"项目四\任务 1\云计算.pptx"文件，按下列要求操作，将结果以原文件名存入 C:\KS 文件夹。

（1）将演示文稿的主题更改为"暗香扑面"，然后将主题颜色更改为"凤舞九天"，主题字体更改为"跋涉"。

（2）设置第 1 张幻灯片的标题文字字号为 80，艺术字样式为列表中的第 6 行第 3 列。

（3）在第 1 张幻灯片中插入图片"cloud.png"，适当调整大小，放置标题文字于上方；将第 16 张幻灯片上的图片复制到第 2 张幻灯片，放置在幻灯片下方居中，样式设置为"松散透视，白色"效果，并适当调整文本位置。

（4）删除第 3、13 和第 16 张幻灯片（注意删除的正确性，如可逆序删除），将第 11 张幻灯片移动到第 4 张幻灯片前。

（5）将第 5 张幻灯片的三个并列项转换为 SmartArt 中的"水平项目符号列表"图形。

（6）为第 1 张幻灯片添加音频"ns.wma"，并设置为幻灯片放映时的背景音乐。

（7）在演示文稿最后插入一张版式为"空白"的幻灯片，插入艺术字"谢谢！"，字号为 96，字体颜色为白色，艺术字样式为第 5 行第 5 列。

（8）给整个演示文稿的第 1、2、14 张幻灯片处设置 3 个逻辑节，节名称分别是"开头""正文""结尾"。

实训 4.2　幻灯片的放映效果

一、实训目的与要求

1. 掌握幻灯片母版和页眉/页脚设置。
2. 熟练掌握幻灯片切换效果的设置方法。
3. 熟练掌握幻灯片对象动画效果的设置方法。
4. 掌握对象动作和超链接的设置。
5. 掌握幻灯片的放映相关操作。

二、实训内容

1. 设置幻灯片版式的页眉/页脚。
2. 幻灯片的切换效果的操作。
3. 幻灯片中各种对象的自定义动画的操作。
4. 对象的超链接和动作按钮的设置。
5. 设置幻灯片的自定义放映。

三、实训范例

在任务 1 操作结果的基础上（"KS\慧雅诗韵.pptx"），按下列要求进行操作，最终结果以原文件名保存在 C:\KS 文件夹中。

1. 为所有幻灯片添加幻灯片编号和页脚文字"领略古诗中春夏秋冬"，标题幻灯片中不显示；要求"幻灯片编号"放置在幻灯片底部中间位置，大小为 16，白色，页脚文字放置在幻灯片底部左侧，微软雅黑，字号为 16，白色，左对齐。

操作步骤：

（1）单击"插入"选项卡"文本"组中的"页眉和页脚"按钮，弹出图 4-2-1 所示的对话框，在"幻灯片"选项卡中勾选"幻灯片编号"和"页脚"复选框，并输入页脚内容为"领略古诗中春夏秋冬"，选"标题幻灯片中不显示"复选框，单击"全部应用"按钮。

图 4-2-1　"页眉和页脚"对话框

（2）单击"视图"选项卡"母版视图"组中的"幻灯片母版"按钮，切换到"幻灯片母版"视图，在左侧列表中，选中第 1 张母版（此为全局母版）；在编辑窗口中调整三个占位符的位置；将"编号"占位符移到中间，将"页脚"占位符移到左侧，将"日期"占位符移到右侧，如图 4-2-2 所示。

（3）选中"幻灯片编号"占位符，利用"开始"选项卡设置字号为 16、白色、居中；再选中"页脚"占位符，利用"开始"选项卡设置字体为微软雅黑，大小 16，白色，左对齐。单击选择"幻灯片母版"选项卡"关闭"组中的"关闭母版视图"按钮返回普通视图。

2. 除了第 1 和第 11 张幻灯片采用"擦除"切换效果外，其余幻灯片均采用"飞过"切换方式，效果为"弹跳切入"，切换的持续时间均为 2 s，自动换片时间为 8 s。

操作步骤：

（1）单击"切换"选项卡"切换到此幻灯片"组中的"切换方案"按钮，在下拉列表中选择"动态内容"→"飞过"方式。单击"切换"选项卡"切换到此幻灯片"组中的"效果选项"按钮，在下拉列表中选择"弹跳切入"效果；在"计时"组中更改"持续时间"为"02.00"，"设置自动换片时间"为 8 s，然后再单击"全部应用"按钮，如图 4-2-3 所示。

图 4-2-2　三个占位符位置的调整

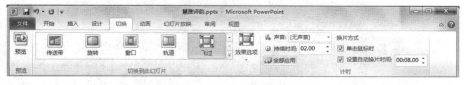

图 4-2-3　切换效果的设置

（2）选中第 1 和第 11 张幻灯片，单击"切换"选项卡"切换到此幻灯片"组中的"切换方案"按钮，在下拉列表中选择"擦除"方式，再将"持续时间"设置为"02.00"。

3. 将第 2 张幻灯片中的"目录"两字和笔墨图片组合成一个对象，将 SmartArt 和四条分隔线组合成一个对象，然后为这 2 个对象设置进入的动画效果，其中标题设置为"与上一个动画同时，自左侧擦除"的效果；SmartArt 对象设置为"上一个动画 1 s 之后，持续 2 s，自顶部擦除"的效果。

操作步骤：

（1）选择第 2 张幻灯片，选中笔墨图片，按住【Shift】再选中"目录"两个字，然后单击"图片工具/格式"选项卡"排列"组中的"组合"按钮，在下拉菜单中选择"组合"命令，如图 4-2-4 所示，将两个对象组合成一个对象。使用同样的方法将 SmartArt 图形和四条分隔线组合成一个对象。

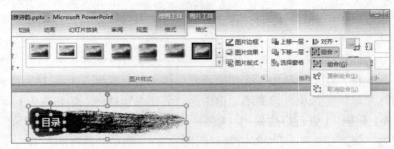

图 4-2-4　对象的组合

（2）选中标题组合对象，然后单击"动画"选项卡"动画"组中的"动画样式"按钮，在下拉菜单中选择"进入"组→"擦除"命令，如图 4-2-5 所示，再在"效果选项"下拉菜单中选择"自左侧"命令，在"计时"组中的"开始"下拉列表框中选择"与上一个动画同时"选项。

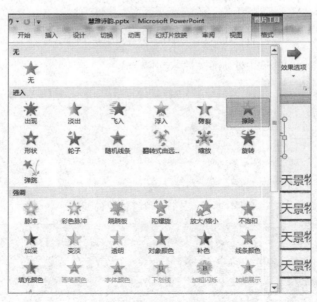

图 4-2-5　选择动画效果

（3）选中 SmartArt 组合对象，单击"动画"选项卡"动画"组中的"动画样式"按钮，在下拉菜单中选择"进入"组→"擦除"命令，在"效果选项"下拉菜单中选择"自顶部"命令，再在"计时"组中按图 4-2-6 所示设置计时效果。

图 4-2-6　设置动画计时

4. 设置第 3 张到第 10 张幻灯片中文本的动画效果为"随机线条"，文本内容采用中速、按字/词、延迟 1 s 的自动播放效果。

操作步骤：

（1）选择第 3 张幻灯片中的文本，单击"动画"选项卡"动画"组中的"动画样式"按钮，在下拉菜单中选择"进入"→"随机线条"命令；单击"动画"选项卡"高级动画"组中的"动画窗格"按钮，在窗口右侧显示"动画窗格"，如图 4-2-7 所示。

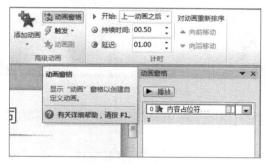

图 4-2-7　显示动画窗格

（2）在"动画窗格"中双击该动画，弹出"随机线条"对话框，在"效果"选项卡中设置"动画文本"为"按字/词"，在"计时"选项卡中选择"上一个动画之后"、延迟 1 s、中速（2 秒）的效果，如图 4-2-8 所示，最后单击"确定"按钮。

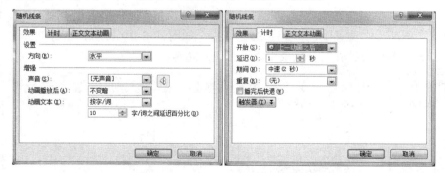

图 4-2-8　"随机线条/效果"对话框

（3）选中该文本对象，双击"高级动画"组中的"动画刷"按钮，依次单击第 4～10 张幻灯片中的文本对象实现动画效果的复制，最后单击"动画刷"按钮结束动画复制。

5. 在第 1 张幻灯片中插入 4.png 图片，放置在页面左下角外侧，为其设置如图 4-2-9 所示的自定义路径，要求与上一个动画同时，实现延迟 1 s，持续时间 5 s 的动画效果。

操作步骤：

（1）选中第 1 张幻灯片，单击"插入"选项卡"图像"组中的"图片"按钮，插入 4.png

图片，将其放置在页面左下角外侧。

（2）选中该图片，然后单击"动画"选项卡"动画"组中的"动画样式"按钮，在下拉菜单中选择"动作路径"→"自定义路径"命令，然后利用鼠标在页面上绘制一个带有弧线的飞行路径至右上角页面外侧，双击鼠标结束绘制。

图 4-2-9　自定义动画路径

（3）在"动画"选项卡"计时"组中设置：与上一个动画同时，延迟 1 s，持续时间 5 s 的动画效果。

6. 分别为第 2 张幻灯片中的 4 个目录项设置超链接，分别链接到第 3、5、7、9 张幻灯片；分别在第 4、6、8、10 张幻灯片的右下角添加一个"返回"动作按钮（形状采用圆角矩形，样式采用"细微效果-黑色，深色 1"，无轮廓），单击此按钮可以返回到第 2 张幻灯片。

操作步骤：

（1）选中第 2 张幻灯片中的"描写春天景物的诗词"文字，单击"插入"选项卡"链接"组中的"超链接"按钮，弹出"插入超链接"对话框，在 "链接到"选项组中选择"本文档中的位置"选项，在位置中选择第 3 张幻灯片，如图 4-2-10 所示，然后单击"确定"按钮。使用相同的方法为另外三个目录项添加相应的超链接。

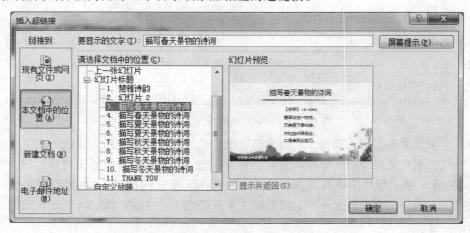

图 4-2-10　"插入超链接"对话框

（2）选择第 4 张幻灯片，单击"插入"选项卡"插图"组中的"形状"按钮，在下拉菜单中选择"动作按钮"→"自定义"动作按钮，使用鼠标在幻灯片右下角绘制一个动作按钮，释放鼠标弹出"动作设置"对话框，在"超链接到"下拉列表中选择"幻灯片…"，在弹出的"超链接到幻灯片"列表中选择第 2 张幻灯片，单击"确定"返回，如图 4-2-11 所示。

（3）选中该动作按钮，单击"绘图工具/格式"选项卡"插入形状"组中的"编辑形状"按钮，在下拉菜单中选择"更改形状"→"圆角矩形"命令（见图 4-2-12），在"形状样式"列表中选择"细微效果–黑色，深色 1"（第 4 行第 1 列），在"形状轮廓"列表中选择"无轮廓"。

图 4-2-11 "动作设置"对话框　　　　图 4-2-12 更改按钮形状

（4）右击该动作按钮，在弹出的快捷菜单中选择"编辑文字"命令，在按钮面板上输入文字"返回"。

（5）用上述相同的方法依次在第 6、8、10 张幻灯片上添加"返回"按钮。更简便的方法是通过复制上述建立的动作按钮到第 6、8、10 张幻灯片上。

四、实训拓展

启动 PowerPoint 2010，打开实训素材"项目四\任务 2\七大奇迹.pptx"文件，按下列要求操作，将结果以原文件名存入 C:\KS 文件夹。

（1）将第 1 张幻灯片的版式更改为"标题幻灯片"，将所有幻灯片的主题设置为："行云流水"，选用"样式 9"的幻灯片背景效果。

（2）设置"标题幻灯片"的标题为"华文隶书，66 号"，颜色为"深红，文字 2，淡色50%"。在副标题占位符中输入"上海工商职业技术学院"，字体采用微软雅黑。

（3）将第 4 张幻灯片移动到第 7 张幻灯片后，在最后添加一张版式为"空白"的幻灯片，插入第 6 行第 3 列样式的艺术字"再见"。

（4）显示幻灯片的编号和日期，要求编号"居中"显示，日期能"自动更新"，样式是"×××× 年 × 月 × 日星期 x"，标题幻灯片中不显示。

（5）设置所有幻灯片的切换效果为"传送带"，方向为"自右侧"，持续时间和换片时间均为"2"。

（6）第 2 到第 8 张幻灯片的标题均采用自左侧"擦除"的动画效果，文本均采用自幻灯片中心"缩放"的动画效果，图片均采用 3 轮辐图案的"轮子"动画。

（7）设置"自定义放映 1"，其放映的幻灯片次序为：第 1、2、5、4、3、7、6、8、9 张幻灯片。

（8）为最后一张幻灯片的右下角添加动作按钮，按钮上的文字为"结束"，单击该按钮可以结束放映。

实训⑤

实训 5.1　图像的基本处理

一、实训目的与要求

1. 掌握选区工具的基本用法和选区的调整。
2. 熟练掌握工具箱中各类工具的使用。
3. 熟练掌握色彩调整的基本方法。
4. 了解选区与图层的关系。

二、实训内容

1. 利用仿制图章工具制作两个飞鹰。
2. 利用选区工具制作夜空中的月亮。
3. 利用套索、魔棒、文字等工具进行图像的合成。
4. 利用图像色彩的调整制作不同色彩的花。

三、实训范例

1. 利用仿制图章工具制作飞鹰

启动 Photoshop，打开实训素材"项目五\任务 1\蓝天飞鹰.jpg"，利用仿制图章工具制作两个飞鹰的图像，效果如图 5-1-1 所示。

图 5-1-1　双鹰飞翔效果图

操作步骤：

（1）选择工具箱中的"仿制图章工具"，按住【alt】键，单击图片中飞鹰的某一部位，然后释放【alt】键。

（2）按照图 5-1-1 所示在图片的相应位置按住鼠标左键，参照图片上同时移动的十字光标进行移动，使得在飞鹰的左边也出现一个一模一样的飞鹰。

注意：在选择被复制对象时，尽量靠近对象的边缘处选择，以方便后面的复制操作。复制前，适当调整画笔的大小，注意移动鼠标过程中要观察十字光标的位置。

（3）选择"文件"→"存储为（快捷键为【Ctrl+Shift+S】）"命令，将最终结果以 JPG 格式（选择"最佳"品质）保存在 C:\KS 文件夹下，命名为"双鹰飞翔.jpg"。

2. 利用选区工具制作月亮。

启动 Photoshop，打开配套实验素材"项目五\任务 1\夜.jpg"，利用选择工具制作图 5-1-2 所示的月亮效果图。

图 5-1-2　夜空中的月亮效果图

操作步骤：

（1）单击"图层"面板的下方的"创建新图层"按钮新建一个图层，在工具箱中选择"椭圆选框工具"，在选项面板上设置羽化为 2px，然后在新图层上利用"椭圆选框工具"绘制一个大小如图 5-1-3 所示的圆形选区（按住【Shift】键同时拖动鼠标，可以绘制出一个圆形选区）。

图 5-1-3　建立一个圆形选区

（2）利用"工具箱"中的工具将设置前景色设置为"白色"，使用"油漆桶工具"在圆形选区内单击填充颜色或通过快捷键【Alt+Del】进行前景色填充。

（3）通过选择"选择"→"修改"→"羽化"（快捷键为 Shift+F6）"命令，对选区进行3px左右的羽化，再通过选择"选择"→"修改"→"扩展"命令，将选区扩展5px左右。

（4）选择"椭圆选框工具"，利用鼠标或键盘的方向键将选区拖动到左上方，如图5-1-4所示，按【Del】键删除图层1内选区的像素，然后"取消选择"（快捷键为【Ctrl+D】)。

图 5-1-4　选区的羽化、扩展和移动

（5）使用"移动工具"适当移动"月牙儿"的位置，最终效果见图 5-1-2。将最终结果以 JPG 格式保存在 C:\KS 文件夹下，命名为"夜晚的月亮.jpg"。

3. 利用套索、魔棒和文字工具进行图像合成。

启动 Photoshop，打开实训素材"项目五\任务 1\"文件夹中的"海边.jpg"和"倩影.jpg"两个图像文件，利用相关工具进行图像的合成和文字的添加，效果如图 5-1-5 所示。

图 5-1-5　"海边倩影"效果图

操作步骤：

（1）选择"倩影.jpg"，利用"磁性套索工具"在人物的边缘处单击，拖动鼠标沿着人物的边缘移动，当鼠标回到起点时，自动吸附的线将会形成一个选区，从而将"人影"从背景中选中，如图 5-1-6 所示。

注意："磁性套索工具"的跟踪线上的锚点尽量贴近选取对象的边界处，在有些位置上可单击定位锚点。

图 5-1-6　使用磁性套索工具

（2）选择"编辑"→"拷贝"命令，然后切换到"海边.jpg"图像文件，选择"编辑"→"粘贴"命令将图片粘贴（注：也可以使用"移动工具"，将选区直接拖动到目标图像上）。

（3）选择"魔棒工具"，在选项面板中单击"添加到选区"按钮，将容差设置为 24，然后去单击人像臂弯处的像素，如图 5-1-7 所示，按【Delete】键，将选区内的像素删除。

图 5-1-7　使用魔棒工具

（4）选择"编辑"→"自由变换（快捷键为【Ctrl+T】）"命令，按住【Shift】键，利用鼠标拖动图层 1 中"倩影"四个角上的控制句柄来改变对象的大小，然后按【Enter】键确认，使用"移动工具"适当调整位置。

注意：按住【Shift】键可以等比例进行缩放；按住【Alt】键可以使对象围绕中心进行缩放。

（5）选择工具箱中的"横排文字工具"，在文字选项栏中设置字体为"华文琥珀"，字号为 30 点，文本颜色为"白色"，定位光标后输入文字"多彩人生"，输入完成后选择"移动工具"退出文字编辑状态，并适当调整位置，注意观察"图层"面板中各图层的顺序关系，如图 5-1-8 所示。

（6）选择"图层"→"栅格化"→"文字"命令（或右击文字图层），将文字图层转化成像素化的图层；选择"编辑"→"描边"命令，弹出"描边"对话框设置具体的参数：宽度为 2 像素，颜色为"fffc00"，位置居外，如图 5-1-9 所示。

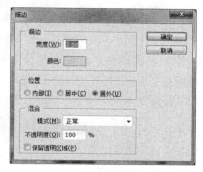

图 5-1-8　"图层"面板　　　　　图 5-1-9　"描边"对话框

（7）将结果以 JPEG 格式保存在 C:\KS 文件夹下，命名为"海边倩影.jpg"。

4. 图像色彩的调整

启动 Photoshop，打开实训素材"项目五\任务 1\花.jpg"图像文件，分别对其进行色阶、色相/饱和度、色彩平衡等的调整。

操作步骤：

（1）色阶的调整。选择"图像"→"调整"→"色阶"命令，弹出"色阶"对话框，如图 5-1-10 所示，设置"输入色阶"和"输出色阶"，调整图像的暗调、中间调和高光的参数，达到改变图像的色调范围和色彩平衡的目的，效果如图 5-1-11 所示。

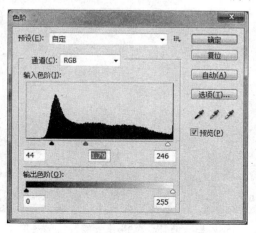

图 5-1-10　"色阶"对话框

图 5-1-11　调整色阶后的效果

（2）色相/饱和度的调整。选择"图像"→"调整"→"色相/饱和度"命令，弹出"色相/饱和度"对话框，如图 5-1-12 所示设置"洋红"的色相、饱和度和明度参数，可以发现调整后的"花"的颜色变成了黄色，更加诱人，效果如图 5-1-13 所示。

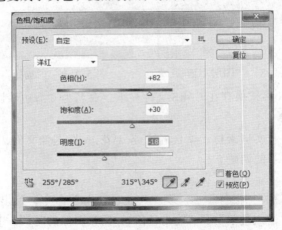

图 5-1-12　"色相/饱和度"对话框

图 5-1-13　调整"色相/饱和度"后的效果

（3）色彩平衡的调整。选择"图像"→"调整"→"色彩平衡"命令，弹出"色彩平衡"对话框，如图 5-1-14 所示，设置图像"中间调"的色彩平衡，通过改变青色与红色、洋红与绿色、黄色与蓝色这三对互补颜色的平衡来调整图像的颜色，效果如图 5-1-15 所示。

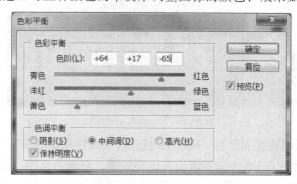

图 5-1-14 "色彩平衡"对话框

图 5-1-15 调整色彩平衡后的效果

（4）将结果以 JPG 格式保存在 C:\KS 文件夹下，命名为"鲜艳的花.jpg"。

四、实训拓展

1. 打开实训素材"项目五\任务 1\建筑物.jpg"图像文件，利用"仿制图章工具"将台阶上的两个人去除，最后将以 JPEG 格式保存在 C:\KS 文件夹下，文件名为"艺术中心.jpg"，原始图和效果图如图 5-1-16、图 5-1-17 所示。

图 5-1-16 原始图

图 5-1-17　修改后的图

2. 利用相关的工具将实训素材"项目五\任务 1"文件夹中的三个图像文件（沙滩.jpg、贝壳.jpg、海螺.jpg）进行合成，适当调整大小和位置，并输入文字"保护海洋生态系统"，字体为微软雅黑，字号为 48，颜色为 b09172，扇形的变形文字。最后将文件以 JPEG 格式保存在 C:\KS 文件夹下，文件名为"保护海洋.jpg"。效果图见图 5-1-18。

图 5-1-18　图像合成效果图

3. 打开实训素材"项目五\任务 1"文件夹中的"红色宝马.jpg"和"街道.jpg"两个图像文件，先将"宝马汽车.jpg"合成到"街道.jpg"中，调整大小、方向和位置，然后再利用"图像"→"调整"→"色相饱和度"命令将汽车车身的颜色分别由原来的红色调整成橙色和白色，最后将文件以 JPEG 格式保存在 C:\KS 文件夹下，命名为"变色汽车.jpg"。效果如图 5-1-19 所示。

图 5-1-19　变色的两辆车

实训 5.2　图层的各种处理

一、实训目的与要求

1. 熟练掌握图层的基本操作。
2. 掌握图层混合模式和图层透明度的设置。
3. 熟练掌握图层样式的设置。
4. 熟练掌握图层蒙版的基本用法。

二、实训内容

1. 制作"闪亮的心"的珠宝广告。
2. 制作"上海城市精神"的宣传画。
3. 制作"《计算机应用基础》网站"的横幅。

三、实训范例

1. 图层混合模式和图层透明度的调整。

启动 Photoshop，打开实训素材"项目五\任务 2"文件夹中的"钻戒.jpg"和"星星.jpg"两个图像文件，利用图层混合模式、透明度，以及文字工具，制作如图 5-2-1 所示的效果图。

操作步骤：

（1）选择"星星.jpg"图像，利用"选择→全部"命令选中整个图像，然后利用复制和粘贴的方法，将整个图像复制到"钻戒.jpg"的画面上。

（2）在"图层"面板上选中"图层 1"，然后在图层混合模式列表中选择"滤色"，调整该图层的不透明度为 80%，如图 5-2-2 所示。

图 5-2-1　"闪亮的心"效果图

图 5-2-2　图层的设置

（3）在工具箱中选择"直排文字工具"，在文字选项面板上，字体选择为隶书，字号为36，颜色为白色，光标定位后输入文字"闪亮的是那颗"。

（4）在工具箱中选择"横排文字工具"，在文字选项面板上，字体选择华文行楷，字号为96，颜色为红色，光标定位后输入"心"，然后选择"图层/图层样式"菜单中的"描边"，在弹出的"图层样式"对话框中，选择描边颜色为"白色"，其他为默认值，如图5-2-3所示，单击"确定"按钮。

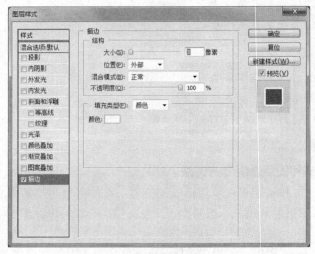

图5-2-3 "图层样式/描边"对话框

（5）选择"文件→存储为"命令，将操作结果以 JPEG 格式保存在 C:\KS 文件夹下，文件名为"闪亮的心.jpg"。

2. **利用图层样式和蒙版文字制作图片。**

启动 Photoshop，打开实训素材"项目五\任务 2\大上海.jpg"图像文件，利用图像色彩的调整、文字工具和蒙版文字工具等制作如图5-2-4所示的效果图。

图5-2-4 "上海城市精神"效果图

操作步骤：

（1）打开实训素材"项目五\任务 2\大上海.jpg"图像文件，利用"图像/调整"子菜单中的"亮度和对比度""色阶""色相和饱和度""色彩平衡"等命令对背景图像进行色彩的调整。

（2）选择"文字"工具中的"横排文字蒙版工具"，在选项栏中设置文字的字体为微软雅黑，Bold、字号为56点，在图像相应位置上单击，此时整个图像被一层透明的红色覆盖，录入文字"上海城市精神"，如图5-2-5所示。

图 5-2-5　输入蒙版文字

（3）退出文字蒙版状态，可以看到文字变成了选区，适当调整文字选区的位置，如图5-2-6所示。

图 5-2-6　蒙版文字建立的文字选区

（4）利用复制和粘贴的方法产生一个新图层（由于复制的区域，在位置上重叠于背景图层，似乎看不到东西，如果隐藏背景图层，就能看到），图层面板如图5-2-7所示。

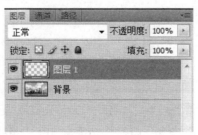

图 5-2-7　复制选区产生的新图层

（5）选中"图层1"，选择"图层→图层样式→投影"命令，弹出"图层样式"对话框，如图5-2-8所示，将角度设置为120°、距离设置为5像素，扩展设置为15%，大小设置为5像素，其他参数默认，单击"确定"按钮返回，效果如图5-2-4所示。

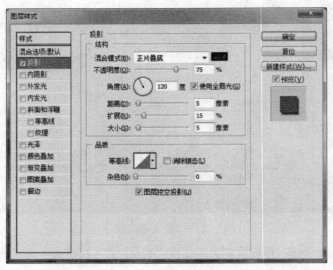

图 5-2-8 "图层样式"对话框

（6）选择"文字"工具中的"横排文字工具"命令，在选项栏中设置文字的字体为微软雅黑、Bold、字号为48点、颜色为蓝色，在相应位置上单击，分两行输入文字"海纳百川、追求卓越、开明睿智、大气谦和"。

（7）选择"图层→图层样式→描边"命令，弹出"图层样式"对话框，按图5-2-9所示设置白色描边和阴影，最终效果如图5-2-4所示。

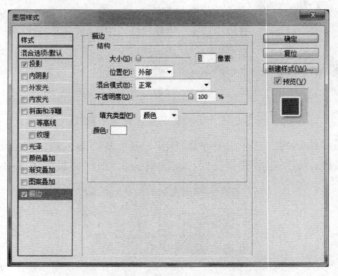

图 5-2-9 "图层样式/描边"对话框

（8）选择"文件→存储为"命令，将操作结果以JPEG格式保存在C:\KS文件夹下，文件名为"上海城市精神.jpg"。

3. 利用图层蒙版制作网站横幅。

启动 Photoshop，打开实训素材"项目五\任务 2"中相关素材，利用图层蒙版等工具制作如图 5-2-10 所示网站横幅的效果图。

图 5-2-10　网站的横幅效果图

操作步骤：

（1）启动 Photoshop，新建一个图像文件，宽度和高度各为 1 000 像素和 200 像素，分辨率 72 像素/英寸，如图 5-2-11 所示，单击"确定"按钮。

（2）打开实训素材"项目五\任务 2"中的"教学楼.jpg""数字地球.jpg""笔记本.jpg"三个图像文件，先将"数字地球.jpg"图像通过复制或移动等方法将其放置在新建文件的左侧，并适当调整大小。

图 5-2-11　"新建"对话框

（3）将"教学楼.jpg"图像复制或移动到新建文件的右侧，适当调整大小，如图 5-2-12 所示；选中"教学楼"所在的图层，单击"图层"面板底部的"添加图层蒙版"按钮，为该图层添加一个图层蒙版。

图 5-2-12　两个图像的叠加

（4）选择"渐变工具"，在选项面板"可编辑渐变"列表中选择"黑，白渐变"，方向选择"线性"，利用鼠标从"教学楼"图像左侧往右到 1/3 位置拉出一条直线，释放鼠标，发现两张图之间的叠加变得自然了，效果如图 5-2-13 所示。

图 5-2-13　在图层蒙版上添加"黑到白"渐变的效果

（5）将"笔记本.jpg"图像复制或移动到新建文件的左侧，适当调整大小，如图 5-2-14 所示；选中"笔记本"所在的图层，单击"图层"面板底部的"添加图层蒙版"按钮，为该图层添加一个图层蒙版。

图 5-2-14　添加"笔记本"图像

（6）选择"画笔工具"，在选项面板"画笔"选项中设置"主值径"为 60，硬度为 0%，如图 5-2-15 所示，将前景色改为"黑色"；然后利用画笔在"笔记本"图像的四周进行涂抹，效果如图 5-2-16 所示，发现图像的叠加变得自然了。

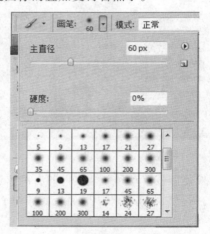

图 5-2-15　"画笔"选项的设置

图 5-2-16　在图层蒙版上进行画笔涂抹的效果

（7）选择"横排文字工具"，在选项面板上选择字体 Arial，字号为 36，颜色为蓝色，光标定位后输入文字"Basics of Computer Applications"；然后选择"图层/图层样式"中的"投影""外发光""白色描边",效果如图 5-2-10 所示,此时整个图层面板如图 5-2-17 所示。

图 5-2-17　操作完成后的图层

（8）最后选择"文件→存储为"命令,将操作结果以 JPEG 格式保存在 C:\KS 文件夹下,文件名为"网站横幅.jpg"。

四、实训拓展

1. 在 Photoshop 软件中打开实训素材"项目五\任务 2"文件夹中的"马.jpg""底纹.jpg"。参照图 5-2-18 所示的样张,完成以下操作。

（1）将"马.jpg"图片中的马身合成到"底纹.jpg"图片中。

（2）对马身设置斜面和浮雕效果,其样式为枕状浮雕,大小为 8 像素。

（3）更改该图层的图层混合模式,设法使马身同样具有木质效果。

（4）输入文字:一马当先(字体为华文琥珀、字号为 36 点、颜色为"#da884e")并设置距离 5 像素的投影效果。

（5）将结果以 photo1.jpg 为文件名保存在 C:\KS 文件夹中。

图 5-2-18

2. 在 Photoshop 软件中打开实训素材"项目五\任务 2"文件夹中的 field.jpg、hand.jpg、ball.jpg。参照图 5-2-19 所示的样张，完成以下操作。

图 5-2-19　样张图片

（1）将 field.jpg 中左侧部分复制到图片右方，并使用蒙版、黑白渐变实现样张效果。

（2）将 hand.jpg、ball.jpg 分别合成到 field.jpg 中，可以对选区适当羽化，并根据样张进行适当的调整。

（3）对地球图层设置为 40 像素大小、5%扩展的外发光样式效果。

（4）将结果以 photo2.jpg 为文件名保存在 C:\KS 文件夹中。

3. 在 Photoshop 软件中打开实训素材"项目五\任务 2"文件夹中的"地球.jpg 和拼图.jpg"图像文件，制作如图 5-2-20 所示拼图贴片的效果。

（1）将"地球"移动到"拼图"图层上，将这两个图层再复制三次，共八个图层，相互间隔。

（2）利用"魔棒工具"将拼图的绿色部分选中，并作为"地球"图层的选区。

（3）添加图层蒙版，产生拼图效果，为"地球"图层添加大小为 10 的斜面与浮雕效果。

（4）利用相同的方法，制作另外三个拼图。

（5）将结果以 photo3.jpg 为文件名保存在 C:\KS 文件夹中。

图 5-2-20　拼图贴片效果图

4. 打开配套实训素材"项目五\任务 2"中的"背景.jpg、电脑.png 和虎.jpg"图像文件，制作如图 5-2-21 所示的宣传册。

（1）将"电脑.png"移到背景上，适当调整大小和位置，并调整透明度为 70%。

（2）为"电脑"图层添加图层蒙版，并利用"渐变工具"产生样例的效果。

（3）利用"椭圆选框工具"选中"虎.jpg"的"虎头"部分，把"虎头"移动到"背景.jpg"上，适当调整大小和位置。

（4）利用"复制图层"和"自由变换"命令创建一个白色圆形，并为这两个图层设置"枕状浮雕"的图层样式。

（5）用"文字工具"录入"如虎添翼"文字，字体为"华文彩云"，字号为 100 点，颜色为白色，并设置"投影"样式。

（6）将结果以 photo4.jpg 为文件名保存在 C:\KS 文件夹中。

图 5-2-21　宣传册效果图

实训 5.3　图像的综合处理

一、实训目的

1. 掌握 Photoshop 中滤镜的使用。
2. 熟练掌握各类工具和选区的应用。
3. 熟练掌握图层蒙版和图层样式的综合运用。

二、实训内容

1. 制作大剧院的水中倒影的景象。
2. 制作江南古镇的宣传相框。

三、实训范例

1. 利用滤镜制作水中倒影的景象。

启动 Photoshop，打开配套实训素材"项目五\任务 3\大剧院.jpg"图像文件，利用滤镜和图层透明度制作如图 5-3-1 所示的水中倒影效果。

图 5-3-1 "保利大剧院"效果图

操作步骤：

（1）新建一个宽 800 像素、高 700 像素、RGB 模式、背景色为白色的图像，将"大剧院"的图像移到背景图层上，调整位置，顶端对齐。

（2）复制该图层（产生"图层 1 副本"图层），然后选择"编辑→变换→垂直翻转"命令，将复制的图像垂直翻转，放置在下方，形成倒影的效果，如图 5-3-2 所示。

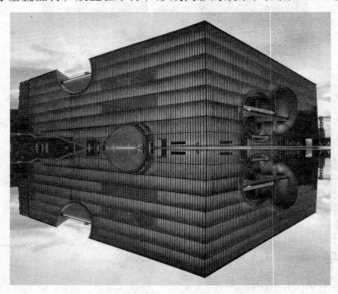

图 5-3-2 倒影效果

（3）单击"魔棒工具"选中"图层 1"下方的空白区域，利用"编辑→填充"命令，选择"# 8ea2fb"颜色作为该选区的填充色（目的是作为水的颜色），取消选择。

（4）选中"图层 1 副本"图层，利用"图层"面板为其添加图层蒙版，在图层蒙版上添加黑到白的线性渐变，效果如图 5-3-3 所示，图层的效果如图 5-3-4 所示。

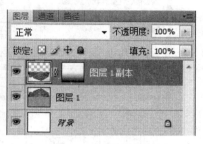

图 5-3-3　添加黑白渐变后的效果　　　　　　　图 5-3-4　图层效果

（5）选中"图层 1 副本"图层（不是该图层添加的蒙版），选择"滤镜→模糊→动感模糊"命令，弹出的对话框如图 5-3-5 所示，在此进行设置。

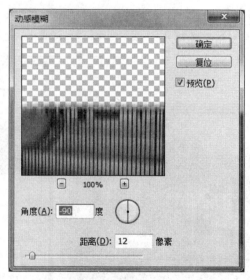

图 5-3-5　"动感模糊"对话框

（6）保持"图层 1 副本"图层的选中，选择"滤镜→扭曲→水波"命令，弹出的对话框如图 5-3-6 所示，在此进行水波效果的设置；选择"滤镜→扭曲→波纹"命令，弹出的对话框如图 5-3-7 所示，在此进行波纹效果的设置。

（7）保持"图层 1 副本"图层的选中状态，选择"滤镜→模糊→高斯模糊"命令，半径值取 1 像素，单击"确定"按钮，最终结果如图 5-3-1 所示。

（8）选择"文件→存储为"命令，以 JPEG 格式将其保存在 C:\KS 文件夹中，文件名为"保利大剧院.jpg"。

実训 5 Photoshop 图像处理

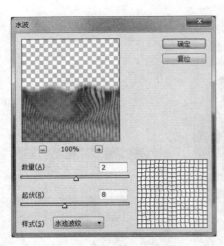
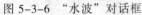
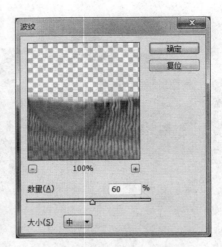

图 5-3-6 "水波"对话框　　　　　　图 5-3-7 "波纹"对话框

2. 利用图层蒙版和滤镜制作江南古镇的宣传相框。

启动 Photoshop CS4，打开实训素材"项目五\任务 3"文件夹中的"小河.jpg""小桥.jpg""小船.jpg"三个图像文件，参照图 5-3-8 所示的样张，按照下列要求进行操作。

操作步骤：

（1）对"小河.jpg"图像，选择"滤镜→渲染→镜头光晕"命令，打开如图 5-3-9 所示的对话框，将中心点移至右上角，亮度为 100%，"镜头类型"为 50-300 mm 变焦。

图 5-3-8 "江南古镇"效果图　　　　图 5-3-9 "镜头光晕"对话框

（2）将"小桥"图像复制或移至"小河"图像的右上方，调整大小和位置，然后单击"图层"面板下方的"添加图层蒙版"按钮，为该图层添加图层蒙版；选择"画笔工具"，主值径为 65，硬度为 0%，前景色为黑色，然后在"小桥"图像的四周进行涂抹，使小桥很自然地合成到"小河"图像中，如图 5-3-10 所示。

图 5-3-10 小桥的合成

（3）用同样的办法将"小船"图像合成到"小河"图像中，效果如图 5-3-11 所示。

图 5-3-11 小船的合成

（4）利用"直排文字工具"，字体采用华文行楷，字号为 60，颜色为白色，输入"江南古镇"四个字；给文字图层添加投影，大小设置为 3 像素、灰色（#7a7a7a）描边的图层样式。

（5）新建一个图层，利用矩形选区的方法，选择四周的边框，如图 5-3-12 所示，然后选择"编辑→填充"命令，用"粗麻布"图案给该选区填充。再给此方框添加"斜面和浮雕"的图层样式，最终效果如图 5-3-8 所示。

（6）选择"文件→存储为"命令，以 JPEG 格式将其保存在 C:\KS 文件夹中，文件名为"江南古镇.jpg"。

图 5-3-12　选区的效果

四、实训拓展

1. 在 Photoshop 软件中新建一个图像，参照图 5-3-13 所示的样张，完成以下操作。

（1）创建一个 480×200 像素、颜色模式为灰度、背景为黑色的图像。

（2）利用"横排蒙版文字工具"输入文字，字体为华文琥珀、字号为 72 点，4 像素白色居外描边。

（3）使用半径为 1 像素的"高斯模糊"和"极坐标到平面坐标"的滤镜效果。

（4）顺时针 90° 旋转图像，并使用从右方向"风"的滤镜效果。

（5）逆时针 90° 旋转图像，并使用"平面坐标到极坐标"的滤镜效果。

（6）使用"画笔描边/阴影线"滤镜，使得文字产生爆炸后的效果。

（7）将结果以 photo1.jpg 为文件名保存在 C:\KS 文件夹中。

图 5-3-13　"洪荒之力"效果图

2. 在 Photoshop 软件中打开实训素材"项目五\任务 3"文件夹中的 cloth.jpg、porcelain.jpg。参照图 5-3-14 所示的样张，完成以下操作。

（1）为 cloth 图像添加颗粒的艺术效果。

（2）将 porcelain 图像合成到 cloth 图像中并适当调整大小，设置投影效果（距离 2）。

（3）制作如样张所示的椭圆形瓷瓶阴影，羽化值设置为 5，颜色为（R:128，G:128，B:128）。

（4）输入文字：青花瓷（字体为华文行楷，字号为 60 点，颜色为 R:15，G:55，B:120），按样张调整文字位置。并设置投影效果（不透明度 40%，距离 5）。

（5）将结果以 photo2.jpg 为文件名保存在 C:\KS 文件夹中。

图 5-3-14　"青花瓷"效果图

3. 在 Photoshop 软件中打开配套素材 "项目五\任务 3" 文件夹中的 xx1.jpg、xx2.jpg、xx3.jpg。参照图 5-3-15 所示的样张，完成以下操作。

（1）将 xx1 的不透明度设为 30%，并添加白色图层衬底。

（2）如样张所示，将 xx2 和 xx3 部分图像合成到 xx1 中，边缘羽化 15，并适当调整大小。

（3）如样张所示，为右下角的椭圆区域添加喷色描边（喷色半径为 10）的效果。

（4）输入文字：我们的校园（字体为隶书，字号为 14 点，浑厚，颜色为 R:248，G:151，B:48），并设置大小为 5 的白色描边，大小为 10 的投影效果。

（5）将结果以 photo3.jpg 为文件名保存在 C:\KS 文件夹中。

图 5-3-15　"我们的校园"效果图

实训 6.1　基本动画的制作

一、实训目的与要求

1. 熟悉 Flash CS4 的工作界面，会使用各种工具、面板和菜单。
2. 熟悉并掌握逐帧动画的制作方法。
3. 熟悉并掌握形状补间动画的制作方法。
4. 熟悉并掌握传统补间动画的制作方法。
5. 理解并掌握图层、时间轴的概念和基本操作。

二、实训内容

1. 利用逐帧动画制作小狗走路的动画。
2. 利用变形动画制作下载进度条。
3. 利用传统补间动画制作汽车广告。

三、实训范例

1. 在 Flash 文档中，利用提供的素材 01.png～20.png，采用逐帧动画来制作小狗走路的动画。舞台大小为 600 像素×400 像素。实例效果见"小狗走路.swf"。

操作步骤：

（1）创建一个新的 Flash 文档。在 Flash 初始界面中选择"文件"→"新建"命令新建一个 Flash 文档。

（2）导入动画素材。选择"文件"→"导入"→"导入到库"命令，弹出"导入到库"对话框，选择素材文件夹中的 01.png～20.png 这 20 幅图像文件，然后单击"打开"按钮，导入的文件显示在"库"面板的列表中。

（3）修改文档属性。选择"修改→文档"命令，弹出"文档属性"对话框，根据实例的要求将舞台的尺寸修改为宽 600 像素，高 400 像素，其他设置为默认，如图 6-1-1 所示。

（4）制作第一个关键帧。将"01.png"文件从"库"面板拖放到舞台上，并调整位置。位置的调整既可以手工大致调整，也可以通过"对齐"面板或"属性"面板进行精确调整。如图 6-1-2 所示。

图 6-1-1 "文档属性"对话框

图 6-1-2 "对齐"面板

（5）制作其余关键帧。在时间轴第 2 帧的位置上右击，在弹出的快捷菜单中选择"插入空白关键帧"命令（或按【F7】键），将"02.png"文件从"库"面板中拖放到舞台上，并调整位置。用类似的方法分别建立其余 18 个关键帧，最后时间轴上就会出现图 6-1-3 所示的连续 20 关键帧。

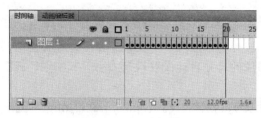

图 6-1-3 时间轴

（6）测试动画。选择"控制"→"播放"命令进行测试（或按【Enter】键）；或者选择"控制"→"测试影片"命令在播放环境中进行测试（或按【Ctrl+Enter】组合键）。

（7）保存 Flash 文档。选择"文件"→"另存为"命令，将文档保存为"Flash 文档（*.fla）"文件。本例中将 Flash 文档保存为"小狗走路.fla"。

（8）导出影片。选择"文件"→"导出"→"导出影片"命令，可以将设计的 Flash 动画导出为 GIF 动画或 swf 影片，如图 6-1-4 所示。本例中将影片导出为"小狗走路.gif"。

实训
6

Flash 动画制作

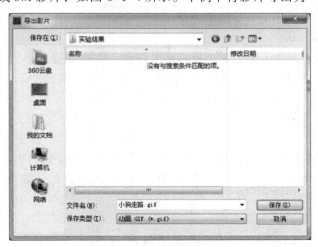

图 6-1-4 "导出影片"对话框

本例逐帧动画的制作还有一个更为便捷的方法：

（1）利用图像处理工具编辑图像。将逐帧动画中要用到的各个图像设置为高宽相同，文件名按照动画的先后顺利依次命名。如本例中，先将图像大小都设置为 600 像素×400 像素，文件的命名依次为 01.png～20.png。

（2）新建 Flash 文档，导入素材到舞台。在新建的 Flash 文档中，选择"文件"→"导入"→"导入到舞台"命令，在弹出对话框中，选择第 1 张图像，如本例中选择"01.png"，单击"打开"按钮，此时弹出一个提示对话框，如图 6-1-5 所示，单击"是"按钮。Flash 将自动建立若干个关键帧，且将图像按照序列顺序分排在各个关键帧中。

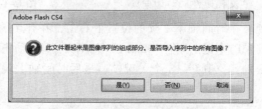

图 6-1-5　打开序列图像的提示框

（3）更改文档属性。选择"修改"→"文档"命令，在弹出对话框的"匹配"项中选中"内容"（可以根据导入图像的尺寸自动设置舞台大小）和帧频，经测试无误后即可保存文档并导出影片。

2. 在 Flash 中，利用提供的素材：背景.jpg、下载框.png、电脑.png、车.png，采用形状补间来制作变形的动画。舞台大小 550 像素×300 像素，动画总长 40 帧，前后 5 帧为静止帧。实例效果见"下载进度条.swf"。

操作步骤：

（1）新建文档并更改属性。

创建一个新的 Flash 文档，然后选择"文件"→"导入"→"导入到库"命令，将素材文件夹中的"背景.jpg、下载框.png、电脑.png、车.png"四个文件导入到"库"面板；选择"修改"→"文档"命令，在弹出的"文档属性"对话框中，根据实例的要求将舞台的尺寸改为宽 550 像素，高 300 像素，其他为默认值。

（2）制作"背景"层。

在"图层"面板上双击"图层 1"，将名称更改为"背景"，将"库"面板中的"背景.jpg"文件拖至舞台上，并通过"对齐"面板调整位置使其覆盖整个舞台，右击背景层第 40 帧，在弹出的快捷菜单中选择"插入帧"命令，锁定"背景"层。

（3）制作"下载框"层。

在"图层"面板上单击左下角的"新建图层"按钮，然后双击新建的"图层 2"，将名称更改为"下载框"；将"库"面板中的"下载框.png"文件拖放至舞台上，并通过"对齐"面板调整其位置，如图 6-1-6 所示，右击背景层第 40 帧，在弹出的快捷菜单中选择"插入帧"命令，锁定"下载框"层。

（4）制作"进度条"层。

a. 在"图层"面板上单击左下角的"新建图层"按钮，然后双击新建的"图层 3"，将名称更改为"进度条"。

图 6-1-6   下载框的位置

    b. 右击该图层第 5 帧，在弹出的快捷菜单中选择"插入空白关键帧"命令，然后选择"工具箱"中的"矩形工具"，在"颜色"面板上设置"笔触"为无色，"填充"为"线性"，左边为白色（#FFFFFF），右边为灰色（#999999），如图 6-1-7 所示。

    c. 在舞台上绘制一个矩形，利用"选择工具"选中该矩形，然后执行"修改"→"变形"→"顺时针旋转 90 度"命令，利用"属性"面板，将该矩形设置为宽度为 10，高度为 36，并将其移动到下载框的左侧。

图 6-1-7   "颜色"面板

    d. 右击该图层第 35 帧，在弹出的快捷菜单中选择"插入关键帧"命令，选中该矩形后选择工具箱中的"任意变形工具"，利用鼠标拖动该"矩形"右侧的控制点，使其覆盖下载框，再利用"颜色"面板将右侧的颜色改为红色（#FF0000），如图 6-1-8 所示。

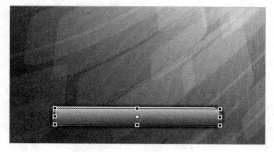

图 6-1-8   下载条的制作

    e. 右击该图层第 40 帧，在弹出的快捷菜单中选择"插入帧"命令，然后在该图层第 5 帧到 35 帧键间右击，在弹出的快捷菜单中选择"创建补间形状"命令。最后将"进度条"图层拖至"下载框"图层的下方，并锁定该图层，如图 6-1-9 所示。

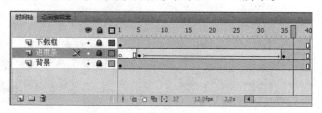

图 6-1-9   图层和时间轴

（5）制作"图形变换"层。

a. 在"图层"面板上单击左下角的"新建图层"按钮，然后双击新建的"图层4"将名称更改为"图形变换"。

b. 选中该图层第1帧，从"库"中将"车.png"图片文件拖放至舞台上方居中位置，执行"修改"→"位图"→"转换位图为矢量图"菜单命令，右击该图层第5帧，在弹出的快捷菜单中选择"插入关键帧"命令。

c. 再右击该图层第35帧，在弹出的快捷菜单中选择"插入空白关键帧"命令，然后从"库"将"电脑.png"图片文件拖至舞台上方居中位置，选择"修改"→"位图"→"转换位图为矢量图"菜单命令，右击该图层第40帧，在弹出的快捷菜单中选择"插入帧"命令。

d. 在该图层第5帧到35帧键间右击，在弹出的快捷菜单中选择"创建补间形状"命令，并锁定该图层，如图6-1-10所示。

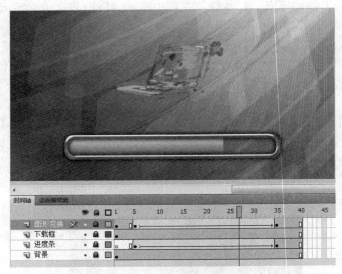

图 6-1-10　图像的变换

（6）保存 Flash 文档并导出影片。

选择"文件"→"另存为"命令，将文档保存为"下载进度.fla"文件。再选择"文件"→"导出"→"导出影片"命令，将设计的 Flash 动画导出为"下载进度.swf"影片文件。

3. 打开"汽车广告.fla"文件，利用库中提供的素材，采用传统补间动画来制作一则汽车广告，实例效果如图6-1-11所示。舞台大小为550像素×150像素，帧频为默认，动画总长为50帧。

图 6-1-11　实例效果如图

制作步骤：

（1）打开文档并更改属性。

启动 Flash，选择"文件"→"打开"命令，打开实验范例中的"汽车广告.fla"文件；选择"修改"→"文档"命令，在弹出的"文档属性"对话框中，将舞台的尺寸改为宽 550 像素、高 150 像素，其他为默认值。

（2）编辑"背景"图层。

将"图层 1"名称改为"背景"，选择该图层的第 1 帧，然后从库中将"背景"元件拖至舞台,调整位置使其覆盖整个舞台,再在该图层第 50 帧的位置右击选择弹出快捷菜单中的"插入帧"命令，最后锁定该图层。

（3）编辑"光圈"图层。

新增一个图层，将其改名为"光圈"。选择该图层的第 15 帧，右击选择"插入空白关键帧"命令，然后从库中将"光圈"元件拖放至舞台中央，在"属性"面板上将其宽度和高度设置为 50；右击该图层第 40 帧，选择"插入关键帧"命令，在"属性"面板上将其宽度和高度设置为 200，Alpha 样式为 0%，如图 6-1-12 所示；在第 15 帧和 40 帧之间右击，在弹出的快捷菜单中选择"创建传统补间"命令，锁定该图层。

（4）编辑"汽车"图层。

新增一个图层，将其改名为"汽车"。选择该图层的第 1 帧，然后从库中将"汽车"元件拖放至右侧舞台外，如图 6-1-13 所示。在第 15 帧处插入关键帧，将"汽车"元件水平移至中间，在第 30 帧和 50 帧处分别插入

图 6-1-12　"属性"面板

关键帧，将第 50 帧处的"汽车"元件水平移到舞台左侧的外面，然后在 1～15 帧之间和 30～50 帧之间右击，在弹出的快捷菜单中选择"创建传统补间"命令。最后锁定该图层。

图 6-1-13　汽车的位置

（5）编辑"文字"图层。

新增一个图层，将其改名为"文字"。在该图层的第 30 帧处插入空白关键帧，从库中将"文字"元件拖至舞台中央，在 45 帧处插入关键帧，然后选择第 30 帧上的"文字"元件，选择"修改"→"变形"→"缩放和旋转"命令，将其缩放至 30%，利用"属性"面板将其透明度设置为 0%（即"透明"效果），在 30～45 帧之间右击，在弹出的快捷菜单中选择"创建传统补间"。最后锁定该图层。

时间轴效果如图 6-1-14 所示。

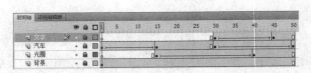

图 6-1-14　图层和时间轴

（6）保存文档并导出影片。选择"文件"→"另存为"命令，将文档保存为"汽车广告.fla"，选择"文件"→"导出"→"导出影片"命令，将该文档导出为"汽车广告.swf"。

四、实验拓展

1. 在 Flash 中，参照样张（打字效果.swf）制作逐帧动画（"样例"文字除外），制作结果以"欢迎.swf"为文件名导出影片并保存在 C:\KS 文件夹中。

操作提示：

（1）新建一个文档，添加"3D 方框背景.jpg"图片文件到"库"。

（2）设置影片大小为 400 px × 400 px，帧频为 12 帧/秒。

（3）将"3D 方框背景"元件作为整个动画的背景，显示至第 30 帧。

（4）新建图层，采用逐帧动画制作打字效果，每个字 2 个帧，最后 5 帧为静止帧。

2. 在 Flash 中，参照样张（四季变换.swf）制作形状补间动画（"样例"文字除外），实现"春""夏""秋""冬"文字不断更替的动画。制作结果以"四季.swf"为文件名导出影片并保存在 C:\KS 文件夹中。

操作提示：

（1）新建一个文档，添加"春""夏""秋""冬"四张图片文件到"库"，设置影片大小为 550 px × 440 px，帧频为 8 帧/秒。

（2）将"春"图片放置在图层 1，覆盖整个背景，将第 1～6 帧由 20%透明度逐渐变换成 100%，第 6～11 帧保持静止，第 11～16 帧由 100%透明度逐渐变换成 20%。

（3）新建图层，将"夏"图片放置在图层 2，将第 15～20 帧由 20%透明度逐渐变换成 100%，第 20～25 帧保持静止，第 25～30 帧由 100%透明度逐渐变换成 20%。

（4）新建图层，将"秋"图片放置在图层 3，将第 29～34 帧由 20%透明度逐渐变换成 100%，第 34～39 帧保持静止，第 39～44 帧由 100%透明度逐渐变换成 20%。

（5）新建图层，将"冬"图片放置在图层 4，将第 43～48 帧由 20%透明度逐渐变换成 100%，第 48～53 帧保持静止，第 53～58 帧由 100%透明度逐渐变换成 20%。

（6）新建图层，输入字体为"华文琥珀"，字号为"100 点"的绿色文字"春"，在第 1～8 帧保持静止，第 8～15 帧逐渐变换成红色的"夏"两个字；在第 15～22 帧保持静止，第 22～29 帧逐渐变换成橙色的"秋"两个字；在第 29～36 帧保持静止，第 36～43 帧逐渐变换成白色的"冬"两个字；在第 43～50 帧保持静止，第 50～58 帧逐渐变换成绿色的"春"。

3. 在 Flash 中，参照样张（数字流动.swf）制作传统补间动画（"样例"文字除外），运用元件实现二进制数字的流动。制作结果以"流动数字.swf"为文件名导出影片并保存在 C:\KS 文件夹中。

操作提示：

（1）新建一个文档，添加"背景"图片文件到"库"，设置影片大小为 550 px × 400 px，帧频为 12 帧/秒。

（2）选择"插入"→"新建元件"命令，建立"数字"图形，输入：1101001010110001。

（3）选择"插入"→"新建元件"命令，建立"从左向右"影片剪辑，制作"数字"元件从第1～15帧由透明到不透明，第15～25帧保持静止，从第25～40帧由不透明到透明的、从左侧移动到右侧的动画。

（4）用上述的方法创建一个"从右向左"的影片剪辑，实现"数字"元件"从右向左"的移动效果。

（5）将"背景"放置图层1，覆盖整个舞台。

（6）新建图层，将"从左向右"元件放置在图层2左侧的某个位置（可以在舞台外，可适当调整大小）。

（7）新建图层，将"从右向左"元件放置在图层3右侧的某个位置（可以在舞台外，可适当调整大小）。

（8）重复上述两个步骤，在舞台上随机位置添加若干个"从左向右"和"从右向左"元件。

实训 6.2　遮罩和引导动画的制作

一、实训目的与要求

1. 理解并掌握影片剪辑的插入、转换和使用。
2. 熟悉并掌握利用遮罩来制作特殊效果的动画。
3. 熟悉并掌握引导层和传统引导的动画制作。
4. 了解为动画添加音效或声音。

二、实训内容

1. 制作一个自转的地球和文字出现的遮罩动画。
2. 制作一个有声的小鸟飞翔，小鱼游动的引导动画。

三、实训实例

1. 利用提供的素材制作一个自转的地球和文字出现的遮罩动画，整个动画共40帧。实例效果如图6-2-1所示。

图 6-2-1　"地球的旋转和文字的出现"实例效果

操作步骤：

（1）编辑"背景"图层。

首先新建一个Flash文件，将相关的素材导入到库。将"图层1"名称改为"背景"，然后从库中将"背景.jpg"拖至舞台，调整位置和大小，使其覆盖整个舞台，再在该图层第40帧的位置插入帧，最后锁定该图层。

（2）制作"地球自转"的影片剪辑。

选择"插入"→"新建元件"命令，在弹出的对话框中，将名称改为"地球自转"，类型选择"影片剪辑"，单击"确定"按钮，如图 6-2-2 所示。

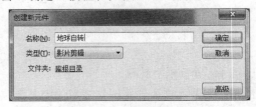

图 6-2-2　"创建新元件"对话框

a. 将图层 1 改名为"地球"，从库中分两次将"地球平面图.jpg"拖曳到舞台上，调整位置使两张图水平无缝拼接，然后选择"修改"→"组合"命令将两张图组合在一起，利用"对齐"面板设置为"右对齐"和"垂直居中"。在第 40 帧处插入"关键帧"，利用"对齐"面板将格式设置为"左对齐"和"垂直居中"，最后在第 1 帧～第 40 帧之间创建传统动画。

b. 创建一个新图层，改名为"遮罩"。选择"椭圆"工具（无笔触色，填充色任意）按住【Shift】键绘制一个 128×128 像素的正圆，利用"对齐"面板设置水平、垂直均居中，最后锁定该图层。

c. 选择"地球"图层，使用键盘上的水平方向键分别将第 1 帧和第 40 帧的地图移至如图 6-2-3、图 6-2-4 所示的位置（目的是循环播放时能无缝连接）。

图 6-2-3　地球的起始位置

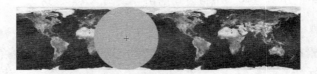

图 6-2-4　地球的结束位置

d. 在图层控制区右击"遮罩"图层，在弹出的快捷菜单中右击"遮罩层"命令。遮罩效果和时间轴设置如图 6-2-5 所示。

图 6-2-5　利用遮罩的效果

（3）编辑"地球自转"图层。

返回场景，创建新图层，改名为"地球自转"，从库中将"地球自转"元件拖至舞台，并调整旋转中心点、大小、位置和角度，最后锁定该图层，如图 6-2-6 所示。

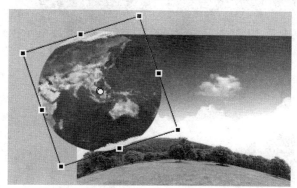

图 6-2-6　地球元件的位置

（4）编辑"文字"图层。

创建新图层，改名为"文字"，利用"文字工具"输入"绿色地球人类责任"。选中输入文字，利用如图 6-2-7 所示的属性面板设置文本的字体格式，字体为华文行楷、字号为 40点、颜色为绿色，段落格式为垂直方向、滤镜为白色发光，效果如图 6-2-8 所示。

图 6-2-7　属性面板的设置

图 6-2-8　设置效果后的文字

（5）编辑"文字遮罩"图层：创建新图层，改名为"文字遮罩"。

a．利用"矩形工具"（无笔触色，填充色任意）绘制一个比文字区域大一些矩形（罩住全部文字），将其转换为元件。在第 40 帧处插入关键帧，然后将第 1 帧的矩形高度缩小在文字上方（露出全部文字），第 1 帧和第 40 帧的效果如图 6-2-9 所示。

图 6-2-9　遮罩图层的制作

　　b. 在第 1 帧～第 40 帧之间创建传统动画，在图层控制区右击"文字遮罩"图层，在弹出的快捷菜单中选择"遮罩层"命令，即实现文字的逐渐出现。最终的效果和时间轴如图 6-2-10 所示。

图 6-2-10　图层时间轴的最终效果

　　（6）保存文档并导出影片。利用"文件"→"另存为"命令将文档保存为"绿色地球.fla"，利用"文件"→"导出"→"导出影片"命令，将该文档导出为"绿色地球.swf"。

　　2. 利用提供的素材，采用补间动画制作一段在水墨画背景的衬托下，空中一个小鸟自由飞翔，水中还有两条小鱼在游动，并伴有鸟鸣的声音。舞台大小为 500 像素 × 315 像素，整个动画共 60 帧。实例效果如图 6-2-11 所示。

图 6-2-11　小鸟和小鱼的画面

操作步骤：

（1）打开实验素材"水墨鸟鱼.fla"文件，选择"修改"→"文档"命令，将舞台大小设置为 500 像素×315 像素。

（2）编辑"背景"图层。将"图层 1"名称改为"背景"，然后从库中将"水墨画.jpg"拖至舞台，使其覆盖整个舞台，在第 60 帧的位置插入帧。

（3）编辑"休息的小鸟"图层。新建一个图层并改名为"休息鸟"，在第 1 帧上从库中将"休息的小鸟"元件拖曳到舞台上，调整大小和位置，效果如图 6-2-12 所示。

（4）编辑"飞鸟 1"图层。新建一个图层并改名为"飞鸟 1"，在第 1 帧上从库中将"飞翔的小鸟"元件拖动到舞台左上角的画面外，调整大小和方向。在时间轴上右击第 1 帧，执行"创建补间动画"命令，再选择第 60 帧，将该元件从左上角拖动到舞台右下角的画面外，此时画面上出现一条带控制点的路径，如图 6-2-13 所示。使用"选择工具"拖动路径上的控制点，调整小鸟的飞翔路径，效果如图 6-2-14 所示。

图 6-2-12　树叶上的小鸟

图 6-2-13　小鸟直线飞行路径　　　　　图 6-2-14　小鸟弧线飞行路径

（5）用同样的方法创建"飞鸟 2"图层，从第 20 帧到第 60 帧，使小鸟从画面右中部沿指定路径飞往左下角，效果如图 6-2-15 所示。

图 6-2-15　第 2 个小鸟弧线飞行路径

（6）编辑"游鱼1"图层。新建一个图层并改名为"游鱼1"，在第1帧上从库中将"游动的小鱼"元件拖动到舞台的下方，调整旋转中心点、大小、方向和透明度。在时间轴上右击第1帧，在弹出的快捷菜单中选择"创建补间动画"命令，选择第60帧，将其拖动到如图6-2-16所示的位置，修改元件的方向、大小和透明度，并调整小鱼的游动路径。

（7）用同样的方法创建"游鱼2"图层，使鱼从第1帧到60帧沿如图6-2-17所示的路径游动。（在第30帧处可适当调整元件的大小和透明度）。

图 6-2-16　小鱼 1 的游动路径　　　　　　图 6-2-17　小鱼 2 的游动路径

（8）编辑"鸟鸣"图层。新建一个图层并改名为"鸟鸣"，从库中将"鸟鸣"声音元件拖动到舞台上，选定声音图层上的关键帧，在属性面板上选择"同步"为"数据流"，重复2次，确保声音的播放长度与动画相一致，如图6-2-18所示。最终的时间轴面板效果如图6-2-19所示。

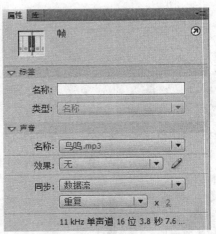

图 6-2-18　声音属性的设置

（9）保存文档并导出影片。选择"文件"→"另存为"命令将文档保存在 C:\KS 文件夹中，名为"水墨花鸟.fla"，利用"文件"→"导出"→"导出影片"命令，将该文档导出为"水墨花鸟.swf"。

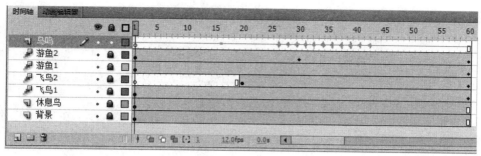

图 6-2-19　图层和时间轴

四、实训拓展

1. 打开实验素材"项目六\任务 2"文件夹中的 sytz2_1.fla，**按下列要求制作动画，效果参见** yangli2_1.swf，**制作结果以** sytz2_1.swf **为文件名导出影片并保存在** C:\KS **文件夹下。**

（1）设置影片大小为 500 px × 375 px，背景色为"#999933"，动画总长为 60 帧。

（2）将"茶 1"元件放置在图层 1，第 1～30 帧显示"从大到小，从有到无"的动画效果。

（3）新建图层，将"茶 2"元件放置在图层 2，第 31～60 帧显示"从小到大，从无到有"的动画效果。

（4）新建图层，第 1～10 帧静止显示"文字 1"元件，第 11～50 帧由"文字 1"元件逐渐变化到"文字 2"元件，静止显示至第 60 帧。

2. 打开实验素材"项目六\任务 2"文件夹中的 sytz2_2.fla，**按下列要求制作动画，效果参见** yangli2_2.swf，**制作结果以** sytz2_2.swf **为文件名导出影片并保存在** C:\KS **文件夹下。**

（1）设置影片大小为 550 px × 400 px，动画总长为 60 帧，在图层 1 制作一个颜色为"#993300"的框架，显示至 60 帧。

（2）新建图层 2，将"fnxn.jpg"元件放置在图层 2，让框架作为"fnxn.jpg"的边框，参照样张。

（3）新建图层 3，将"元件 1"元件自第 10 帧至 45 帧由左下向右上运动，顺时针翻转 2 圈，静止显示至第 60 帧。

（4）新建图层 4，从 45 帧到 55 帧由小变大显示橙色文字"GAME OVER"，字体为：Algerian，显示至 60 帧。

3. 打开实验素材"项目六\任务 2"文件夹中的 sytz2_3.fla，**按下列要求制作动画，效果参见** yangli2_3.swf，**制作结果以** sytz2_3.swf **为文件名导出影片并保存在** C:\KS **文件夹下。**

（1）设置影片大小为 450 px × 450 px，帧频为 12 帧/秒，动画总长为 30 帧。

（2）将"首饰"元件放置在图层 1，显示至 30 帧。

（3）新建图层，将"文字"元件放在舞台上静止显示至第 6 帧，从第 7 帧至第 26 帧逐渐放大 4 倍并变淡的动画。

（4）利用多图层，复制该动画效果过程 4 次，制作如样例所示的幻影效果。

（5）新建图层，将"光影"元件放置在该图层，旋转-45°，透明度 30%，从第 1 帧到第 30 帧实现从右上角到左下角的动画效果。

4. 打开实验素材"项目六\任务 2"文件夹中的 sytz2_4.fla，**按下列要求制作动画，效果参见** yangli2_4.swf，**制作结果以** sytz2_4.swf **为文件名导出影片并保存在** C:\KS **文件夹下。**

（1）设置影片大小为 550 px × 400 px，帧频为 12 帧/秒，背景色为黑色。

（2）将"背景 1"元件放置在图层 1，显示至 50 帧。

（3）新建图层，将"蝴蝶"元件放置在该图层左下方，适当调整大小，在第 1 帧、第 10 帧、第 20 帧、第 35 帧、第 45 帧、第 50 帧处设置关键帧，按照样张，创建从第 1～35 帧和第 45～50 帧的运动动画。

（4）新建图层，将"蝴蝶"元件放置在该图层左上方，适当调整大小，在第 5 帧、第 15 帧、第 25 帧、第 35 帧、第 40 帧、第 50 帧处设置关键帧，按照样张，创建从第 5～35 帧和第 40～50 帧的运动动画。

（5）新建图层，将"文字"元件放置在该图层，按照样张，创建从第 1～50 帧文字逐渐显示又逐渐消失的动画效果。

5. 打开实验素材"项目六\任务 2"文件夹中的 sytz2_5.fla，按下列要求制作动画，效果参见 yangli2_5.swf，制作结果以 sytz2_5.swf 为文件名导出影片并保存在 C:\KS 文件夹下。

（1）设置影片大小为 650 px × 405 px，帧频为 12 帧/秒。

（2）将库中的元件"赛车"元件放置在图层 1，并显示至 60 帧。

（3）新建图层，将"元件 1"元件放置在该图层，从第 1～20 帧由透明变为不透明，第 21～40 帧从左向右移动，第 41～60 帧由逐渐变成透明。

（4）新建图层，将"文字"元件放置在该图层上，显示至 60 帧。

（5）新建一个图层，参照样例用遮罩的方法实现文字逐渐出现的效果。

实训 6.3　动画的综合应用

一、实训目的与要求

1. 熟练掌握制作各种动画的基本方法。

2. 熟练掌握动画的各类综合应用。

二、实训内容

1. 制作汽车尾气排放的动画。

2. 制作茶叶飘香的动画。

三、实训范例

1. 打开实验素材"项目六\任务 3\fanli_1.fla"文件，参照样张（Fanli_1.swf）制作动画（"样例"文字除外），制作结果以"环保.swf"为文件名导出影片并保存在 C:\KS 文件夹中。注意：添加并选择合适的图层。

操作步骤：

（1）设置影片大小为 400 px × 300 px，帧频为 10 帧/秒。

启动 Flash CS4，选择"文件"→"打开"命令打开实验素材中的"fanli_1.fla"文件，选择"修改"→"文档"命令，在弹出的如图 6-3-1 所示的对话框中设置舞台大小和帧频，然后单击"确定"按钮返回。

图 6-3-1 "文档属性"对话框

（2）将"公路"元件放置在该图层，调整大小与影片大小相同，作为整个动画的背景，显示至第 60 帧。

打开"库"面板，从"库"中将"公路"元件拖至图层 1 的第 1 帧，利用"对齐"面板，使该元件水平、垂直均居中，覆盖整个舞台；右击第 60 帧，在弹出的快捷菜单中选择"插入帧"命令，最后锁定该图层。

（3）新建图层，将"元件 1"元件放置在该图层，适当调整大小，创建第 1 到 60 帧从左向右运动驶出场景的动画效果。

单击"时间轴"右侧"图层控制区"左下方的"新建图层"按钮创建一个新图层，从"库"中将"元件 1"元件放置该图层第 1 帧的左侧，适当调整大小，如图 6-3-2 所示；右击第 60 帧，在弹出的快捷菜单中选择"插入关键帧"命令，选中第 60 帧，将"元件 1"拖至场景右侧外面；鼠标在第 1～60 帧之间右击，在弹出的快捷菜单中选择"创建传统补间"命令，最后锁定该图层。

图 6-3-2 小车的的位置

（4）新建图层，将"元件 2"元件放置在该图层，创建尾气从第 25～40 帧逐渐变大，从第 41～50 帧从有到无的动画效果。

新建一个图层，右击第 25 帧，在弹出的快捷菜单中选择"插入空白关键帧"命令，从"库"

中将"元件2"元件放置该图层上，适当调整大小和位置，如图 6-3-3 所示；鼠标在第 40 帧处插入关键帧，将第 40 帧上的元件放大，并适当调整位置，如图 6-3-4 所示；鼠标在第 50 帧处插入关键帧，利用"属性"面板将第 50 帧上该元件的 Alpha 值设置为 0%；在第 25 帧～第 40 帧和第 40 帧～第 50 帧之间右击，分别选择"创建传统补间"命令，最后锁定该图层。

图 6-3-3　尾气的位置

图 6-3-4　尾气的放大

（5）新建图层，创建文字"环境卫生人人有责"，字体为华文琥珀，字号为 36，使文字从第 1～60 帧由红色变为绿色。

新建一个图层，选择"文本工具"，在如图 6-3-5 所示的"属性"面板上选择字体为"华文琥珀"，字号为 36，颜色为红色，在舞台相关位置输入文字"环境卫生人人有责"，然后连续两次选择"修改"→"分离"命令；利用鼠标在第 60 帧处插入关键帧，利用属性面板将第 60 帧上的文字颜色更改为绿色，在第 1～60 帧之间右击选择"创建补间形状"命令，最后锁定该图层。最终得到的时间轴如图 6-3-6 所示。

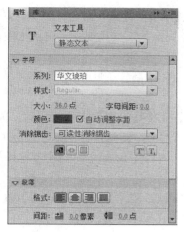

图 6-3-5 文本的属性面板

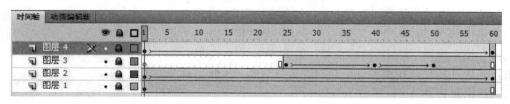

图 6-3-6 图层和时间轴

（6）最后选择"文件"→"导出"→"导出影片"命令，在如图 6-3-7 所示的"导出影片"对话框中选择存储位置为 C:\KS 文件夹，保存类型为"SWF 影片（*.swf）"，文件名为"环保"，单击"保存"命令。

图 6-3-7 "导出影片"对话框

2. 打开实验素材"项目六\任务 3\fanli_2.fla"文件，参照样张（Fanli_2.swf）制作动画（"样张"文字除外），制作结果以"清茶.swf"为文件名导出影片并保存在 C:\KS 文件夹中。注意：添加并选择合适的图层。

操作步骤：

（1）设置影片大小为 400 px×500 px，帧频为 12 帧/秒。

启动 Flash CS4，选择"文件"→"打开"命令打开实验素材中的"fanli_2.fla"文件，选择"修改"→"文档"命令，在弹出的"文档属性"对话框中设置舞台大小 400 px × 500 px，帧频为 12 帧/秒，然后单击"确定"返回。

（2）在第 1～10 帧中，用"元件 1"制作茶叶飘落的动画（茶叶缩放调整为原来的约 40%），并静止显示至 30 帧。

从"库"面板中将"元件 1"元件拖至图层 1 的第 1 帧，选择"修改"→"变形"→"缩放和旋转"命令，将该元件缩放至 40%，调整位置于舞台顶部中间；在第 10 帧处插入关键帧，将该元件的位置拖至舞台底部，在第 1～10 帧之间创建传统补间动画；在第 30 帧处插入普通帧。最后锁定该图层。

（3）新建图层，在第 10～30 帧，制作"茶.jpg"上升并淡入的动画效果，并显示至 60 帧。

单击"时间轴"右侧的"图层控制区"左下方的"新建图层"按钮来创建一个新图层，右击该图层的第 10 帧，在弹出的快捷菜单中选择"插入空白关键帧"命令，从"库"面板中将"茶.jpg"拖至该图层第 10 帧的底部，如图 6-3-8 所示的位置，右击该图像选择"转换成元件"命令，将其转换为元件，然后利用属性面板将其 Alpha 值设置为 0%；

右击第 30 帧，选择"插入关键帧"命令，将该元件移至舞台中央，使其覆盖整个舞台，同时在属性面板将其 Alpha 值设置为 100%，在第 10 帧～第 30 帧之间创建传统补间动画；在第 60 帧处插入普通帧。最后锁定该图层。

（4）新建图层，在第 31～50 帧制作"元件 1"变化为"一杯清茶两岸情"文字的动画效果，显示至 60 帧。

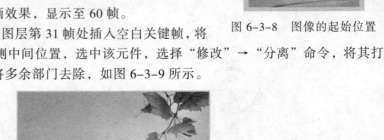

图 6-3-8　图像的起始位置

创建一个新图层，在该图层第 31 帧处插入空白关键帧，将"元件 1"元件拖至舞台左侧中间位置，选中该元件，选择"修改"→"分离"命令，将其打散，再利用魔棒和橡皮擦将多余部门去除，如图 6-3-9 所示。

图 6-3-9　树叶的处理

在该图层第 50 帧处插入空白关键帧，将"文字"元件拖至舞台左侧中间位置，选中该元件连续 2 次利用"修改"→"分离"命令，将文字打散，在第 31～50 帧之间创建补间形状动画；最后锁定该图层。

（5）新建图层，创建文字"缭缭茶香"，字体为隶书，字号为 36，使文字从第 1～60 帧由绿色变为白色。

新建一个图层，选择"文本工具"，在"属性"面板上选择字体为"隶书"，字号为 36，颜色为绿色，在舞台底部输入文字"缭缭茶香"，然后连续两次选择"修改"→"分离"命令；在第 60 帧处插入关键帧，利用属性面板将第 60 帧上的文字颜色更改为白色，在第 1～60 帧之间创建补间形状动画，最后锁定该图层。最终得到的时间轴如图 6-3-10 所示。

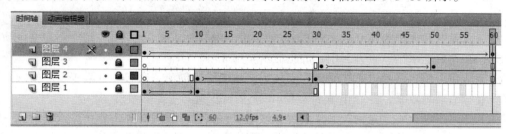

图 6-3-10　图层和时间轴

（6）最后选择"文件"→"导出"→"导出影片"命令，在"导出影片"对话框中选择存储位置为 C:\KS 文件夹，保存类型为"SWF 影片（*.swf）"，文件名为"清茶"，单击"保存"命令。

四、实训拓展

1. 打开实验素材"项目六\任务 3\sc_1.fla"文件，参照样张（sc_1.swf）制作动画（"样张"文字除外），制作结果以 donghua1.swf 为文件名导出影片并保存在 C:\KS 文件夹中。注意添加并选择合适的图层。

操作提示：

（1）设置影片大小为 550 px × 400 px，帧频为 12 帧/秒。

（2）将"草坪"元件作为整个动画的背景，显示至第 80 帧。

（3）新建图层，将"小草"元件放置在该图层，创建小草从第 1 帧到 30 帧、再到 60 帧左右摇动的动画效果，显示至第 80 帧。

（4）新建图层，利用"文字 1"元件和"文字 2"元件，创建动画效果：从第 1～25 帧静止显示"芳草茵茵"，第 26～50 帧逐渐变为"何忍踏之"，静止显示至第 80 帧。

（5）新建图层，利用"幕布"元件，从第 1～54 帧在左边静止，并创建从第 55～80 帧拉上幕布的效果。

2. 打开实验素材"项目六\任务 3\sc_2.fla"文件，参照样张（sc_2.swf）制作动画（"样张"文字除外），制作结果以 donghua2.swf 为文件名导出影片并保存在 C:\KS 文件夹中。注意添加并选择合适的图层。

操作提示：

（1）设置影片大小为 550 px × 400 px，帧频为 12 帧/秒。

实训 6　Flash 动画制作

（2）将"元件 1"适当调整大小后放在中心，制作在第 1～9 帧保持静止，第 10～20 帧逐渐变大的动画效果，并显示至 80 帧。

（3）新建图层，在第 20～40 帧制作"雪景"淡入的动画效果，并显示至 80 帧。

（4）新建图层，在第 41～60 帧制作"元件 1"变化为"文字"元件文字的动画效果，并显示至 80 帧。

（5）新建图层，利用"幕布"元件，从第 1～59 帧在舞台上方静止，并创建从第 60～80 帧向下的效果。

3. 打开实验素材"项目六\任务 3\sc_3.fla"文件，参照样张（sc_3.swf），制作结果以 donghua3.swf 为文件名导出影片并保存在 C:\KS 文件夹中。注意添加并选择合适的图层。

操作提示：

（1）设置影片大小为 400 px × 550 px，帧频为 10 帧/秒，用"元件 1"元件作为整个动画的背景，在舞台上水平、垂直居中，静止显示至第 60 帧。

（2）新建图层，将"台布"元件靠下放置在该图层，创建"台布"自第 1～50 帧从上到下逐步变窄的动画效果，并静止显示至第 60 帧。

（3）新建图层，将"卷轴"元件放置在该图层，位置与顶端对齐，静止显示至第 60 帧。

（4）新建图层，将"卷轴"元件放置在该图层，位置与顶端的卷轴紧靠，创建该卷轴自第 1～50 帧从上向下运动的动画效果，静止显示至第 60 帧。

（5）新建图层，将"文字 1"元件放置在该图层，创建文字从第 15～50 帧从无到有的动画效果，并显示至第 60 帧。

4. 打开实验素材"项目六\任务 3\sc_4.fla"文件，参照样张（sc_4.swf）制作动画（"样张"文字除外），制作结果以 donghua4.swf 为文件名导出影片并保存在 C:\KS 文件夹中。注意添加并选择合适的图层。

操作提示：

（1）设置影片大小为 550 px × 400 px，帧频为 12 帧/秒，将"lanhua.jpg"作为动画背景，动画总长为 72 帧。

（2）新建图层，在第 1～9 帧，静止显示"元件 1"，在第 10 帧用橡皮擦在"元件 1"中心擦去一个圆形，到第 40 帧逐渐变化为"元件 2"。

（3）新建图层，在第 1～10 帧，将适当调整大小的"元件 3"放在左下角位置，在第 11～40 帧制作其向中心逐渐放大运动并顺时针转动 2 圈的效果，在第 41～60 帧逐渐消失。

（4）新建图层，第 41～59 帧制作"兰花渐欲迷人眼"元件中的文字逐渐出现的效果，并显示至 72 帧。

（5）新建图层，在第 50 帧插入"光影"元件，设置其透明度（Alpha）为 50%，创建从第 50～72 帧从左到右的效果。

实训⑦

→ Dreamweaver 网页制作

实训 7.1　网站建设和网页布局

一、实训目的与要求

1. 熟悉 Dreamweaver CS4 的工作界面和站点的建立。
2. 熟练掌握网页文档的新建、打开、保存和页面属性的设置。
3. 掌握页面中表格的制作和表格的基本操作。
4. 掌握网页基本元素的插入方法。

二、实训内容

1. 站点的新建和管理。
2. 网页的创建和页面属性的设置。
3. 利用表格进行页面布局。
4. 各类网页基本元素的插入。

三、实训范例

1. 站点的新建和管理

准备工作：首先在 D 盘上建立一个名为 MySite 的文件夹，作为该站点的根文件夹，然后将配套实验素材中"项目七\任务 1"中的所有内容复制到 MySite 文件夹中。

操作步骤：

（1）启动 Dreamweaver CS4，在起始界面的"新建"栏中单击"Dreamweaver 站点"按钮，或者依次选择"站点"→"新建站点"菜单命令，在弹出的"未命名站点 1 的站点定义为"对话框中选择"高级"选项卡。

（2）选择左侧"分类"列表框中的"本地信息"命令，在右侧"站点名称"文本框中输入站点的名称"我的站点"，在"本地根文件夹"文本框中输入：D:\MySite，在"默认图像文件夹"文本框中输入：D:\MySite\images，如图 7-1-1 所示。

（3）单击"确定"按钮返回起始页面，这时窗口右侧的"文件"面板如图 7-1-2 所示。

（4）如果需要编辑和管理站点，则可以选择"文件"面板"站点名称"下拉列表中的"管理站点"命令，或执行"站点"→"管理站点"菜单命令，弹出如图 7-1-3 所示的"管理站点"对话框，在该对话框中可以新建、修改、复制、删除，导入/导出站点。

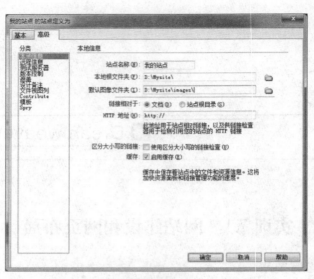

图 7-1-1　"站点定义"对话框

图 7-1-2　"文件"面板

图 7-1-3　"管理站点"对话框

2. 网页的创建和页面属性

准备工作：启动 Dreamweaver CS4，并确保相关的站点已经打开。如果站点未打开，则选择"站点"→"管理站点"菜单命令，在"管理站点"对话框中选择"我的站点"，单击"完成"按钮。

操作步骤：

（1）创建空白页面：在起始界面的"新建"栏中单击"HTML"选项按钮，或者选择"文件/新建"菜单命令，在弹出的"新建"对话框中选择左侧的"空白页"命令，在"页面类型"中选择"HTML"，布局为<无>，单击"创建"按钮，如图 7-1-4 所示。

（2）网页的保存：选择"文件"→"另保存"命令，在"另存为"对话框中选择保存的位置"D:\mysite"文件夹，在"文件名"框中输入文件名"index.html"，单击"保存"按钮。

（3）设置页面属性：单击"属性"面板上的"页面属性"按钮，或选择"修改"→"页面属性"命令，打开如图 7-1-5 所示的"页面属性"对话框。

图 7-1-4 "新建文件"对话框

在"外观（CSS）"分类中设置页面字体为"默认字体"、字号为"12"、背景颜色为"#FF9"，如图 7-1-5 所示。

图 7-1-5 "页面属性/外观"对话框

在"链接（CSS）"分类中将"链接颜色""已访问链接""活动链接"的颜色设置为"#FFF"，将"下画线样式"设置为"始终无下画线"，如图 7-1-6 所示。

图 7-1-6 "页面属性/链接"对话框

在分类"标题/编码"中，在"标题"框内输入标题"欢迎访问我的站点"，编码选择"简体中文（GB2312）"，如图7-1-7所示，最后单击"确定"按钮。

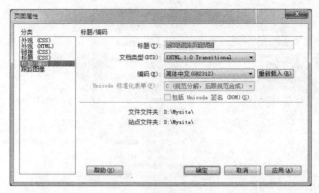

图7-1-7　"页面属性/标题/编码"对话框

注：网页的标题文字也可以在编辑区"文档"工具栏的"标题"文本框中直接输入。

3. 利用表格进行页面布局

在网页设计中为了合理安排各个网页元素，需要对网页的布局进行设计，目前最基本的布局方式是利用表格。

操作步骤：

（1）插入表格：打开index.html网页，将插入点置于空白页面，在"插入"面板中选择"布局"子面板，单"表格"按钮，或者选择"插入"→"表格"命令，在弹出的"表格"对话框中设置表格参数为5行5列，设置表格宽度为945像素，设置边框粗细为0，单击"确定"按钮。

（2）设置表格属性：在"表格"属性面板中，设置对齐为"居中对齐"，填充和间距均设为0，如图7-1-8所示。

图7-1-8　"表格"属性面板

（3）合并单元格：利用鼠标选中表格第1行的5个单元格，然后选择"修改"→"表格"→"合并单元格"命令。用同样的方法分别合并第4行、第5行所有单元格。

（4）单元格属性设置：选中所有单元格，在属性面板上将水平列表中选择"居中对齐"，宽度设置为189，如图7-1-9所示，选中表格的第3行，在"单元格"属性面板上将行高设置为30。

图7-1-9　"单元格"属性面板

（5）插入嵌套表格：将插入点置于第4行，用上述的方法插入一个3行5列的嵌套表格，并设置表格宽度为 945 像素，边框粗细为 1。

（6）嵌套表格的设置：首先如图 7-1-10 所示用上述的方法分别将相关的单元格合并；然后选中嵌套表格的所有单元格，在"属性"面板上将所有单元格的背景颜色设置为"#CCCCCC"。

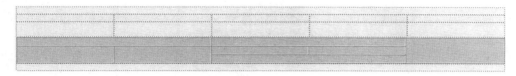

图 7-1-10　嵌套表格的插入

4. 插入基本的网页元素

（1）插入图像。

将光标定位在表格第 1 行，选择"插入"→"图像"命令，在"选择图像源文件"对话框中选择 images 文件夹中的"dz.gif"图像文件，单击"确定"按钮。用同样的方法在表格第 2 行相关单元格内依次插入"s1.jpg""s2.jpg""s3.jpg""s4.jpg""s5.jpg"图像文件，效果如图 7-1-11 所示。

图 7-1-11　插入图片后的效果

用上述的方法将"ban.jpg"图片添加到嵌套表格的第 2 行第 3 列单元格中，并通过属性面板将该图像的宽设置为 12，高设置为 120。

注意：通过右侧的"文件"面板，将站点文件夹中的图像文件直接拖至相关的单元格，从而实现图像的快速插入。

（2）插入文本。

在表格第 3 行的 5 个单元格中分别输入文字"首页""沙发专区""特价专区""产品热销""联系我们"；在嵌套表格第 1 行的前两个单元格中，分别输入文字"产品分类""最新动态"，并居中。

注意：如果要插入空格，一般只允许插入一个空格，如果需要连续插入若干个空格，可事先通过"编辑/首选参数"对话框（如图 7-1-12 所示），勾选"允许多个连续的空格"项。

（3）插入列表文字。

在嵌套表格第 2 行的第 2 和第 4 个单元格内分别如图 7-1-13 所示输入列表内容（或从 text.txt 文件中获取）。

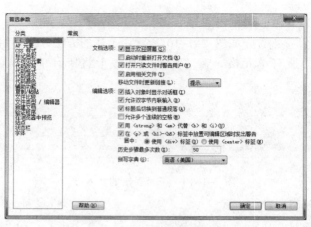

图 7-1-12　"首选参数"对话框

选择第 2 行第 2 列中的文本，单击"属性"面板上的"项目列表"按钮，建立项目列表。再选择第 2 行的第 4 列中的文本，单击"属性"面板上的"编号列表"按钮。

注意：复制进入的文本中的软回车【Shift+Enter】可以人工将其改为硬回车【Enter】。

图 7-1-13　设置项目列表的效果

四、实训拓展

首先在 D 盘上建立一个名为 MyWeb 的文件夹，然后将配套实验素材中"项目七\实验拓展"中的所有内容复制到 MyWeb 文件夹中。

（1）新建本地站点，站点名称为"剑桥大学网站"，站点的根文件夹为 D:\MyWeb。

（2）新建 index.html 主页，设置网页标题为：欢迎访问剑桥大学网站，设置图片 bj.jpg 为网页背景，设置已访问链接颜色为"#FFF"。

（3）在 index.html 页面中，插入一个 5 行 2 列的表格，设置表格宽度为 766 px、边框粗细为 0px，整个表格居中对齐；设置表格第 1 列列宽为 245 px；将表格第 1 行和第 5 行的两个单元格合并成一个。

（4）在表格第 1 行内插入图片"top.jpg"，设置该图片宽为 766 px；在表格第 2 行第 1 列和第 4 行第 1 列分别插入图片"本期专辑.jpg"和"专辑精选.jpg"；在表格第 5 行内依次插入图片"01.jpg"至"07.jpg"。

（5）在第 2 行第 2 列输入文字"剑桥大学"。

（6）导出站点，生成"剑桥大学网站.ste"文件。

实训 7.2　网页基本编辑和 CSS 样式

一、实训目的

1. 熟练掌握在页面中插入各类其他网页元素。
2. 掌握各类网页元素的编辑和属性设置。
3. 了解并掌握 CSS 样式的定义及应用。
4. 熟练掌握各种超级链接的建立和设置。

二、实训内容

1. 插入各类其他网页元素。
2. 各类网页元素的属性设置。
3. CSS 样式的定义和应用。
4. 各种超级链接的设置（文本链接、锚链接、图像热点链接、Email 链接等）。

三、实训范例

准备工作：启动 Dreamweaver CS4，打开实验任务 1 所建立的站点"我的站点"，然后在"文件"面板上双击打开 index.html 文件。

1. 插入网页其他元素及属性设置

（1）插入鼠标经过的图像。

将光标定位在嵌套表格的第 2 行第 1 列单元格中，选择"插入"→"图像对象"→"鼠标经过图像"命令，弹出如图 7-2-1 所示的对话框，单击"原始图像"旁的"浏览"按钮选择"s6.jpg"图像，在"鼠标经过图像"栏中选择"s7.jpg"图像，最后单击"确定"按钮。

图 7-2-1　"鼠标经过图像"对话框

（2）插入 Flash 动画。

将插入点置于嵌套表格的第 3 行第 4 列单元格内，选择"插入"→"媒体"→"SWF"命令，在弹出的对话框中选择"swf.swf"文件。选中 flash 对象，在如图 7-2-2 所示的属性面板上设置其宽为 340、高为 120、品质为"高品质"、比例为"无边框"并播放，适当调整列宽。

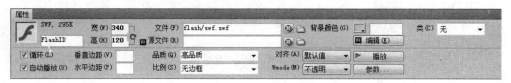

图 7-2-2　"Flash 元素"的属性面板

（3）插入水平线并设置属性。

将插入点置于表格第 5 行，先在下方插入一个空行；将第 5 行的行高设为 20，然后选择"插入"→"HTML"→"水平线"命令插入水平线，利用"水平线"属性面板设置其宽度为945 像素、高度为 2、水平居中、阴影效果，如图 7-2-3 所示。

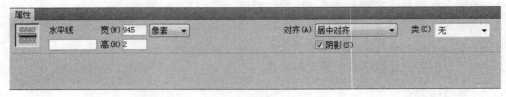

图 7-2-3 "水平线"属性面板

右击插入的这条"水平线"，在弹出的快捷菜单中选择"编辑标签(E)"命令，弹出如图 7-2-4 所示的对话框，选择"浏览器特定的"选项卡，设置颜色为"#999999"。

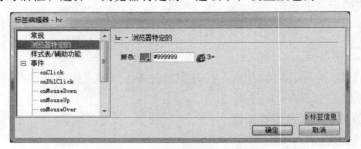

图 7-2-4 "标签编辑器"对话框

（4）插入日期和特殊符号。

将插入点置于表格第 6 行，选择"插入"→"日期"菜单命令，在弹出的对话框中进行设置，单击"确定"按钮，如图 7-2-5 所示。

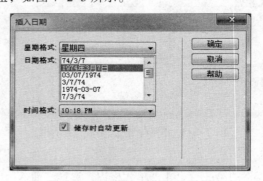

图 7-2-5 "插入日期"对话框

在日期右边按【Shift+Enter】组合键，输入软回车，然后输入文字"版权所有"，选择"插入"→"HTML"→"特殊字符"→"版权"命令，输入"©"符号，并设置居中对齐，如图 7-2-6 所示。

图 7-2-6 插入"©"符号的效果

（5）插入背景音乐。

将插入点置于表格底部居中位置，选择"插入"→"媒体"→"插件"命令，插入"music\piano.mp3"音频文件，单击"确定"按钮；选中添加的音频，在"属性"面板中将"宽"和"高"设置为 16。

2. CSS 样式定义等应用

准备工作：单击"属性"面板左侧的"CSS"按钮，将属性面板切换到 CSS 面板，或选择"窗口"→"CSS 样式"菜单命令打开"CSS 样式"面板。

（1）定义 CSS 规则。

在"CSS"属性面板"目标规则"选项卡中选择"<新 CSS 规则>"命令，单击"编辑规则"按钮，弹出如图 7-2-7 所示的"新建 CSS 规则"对话框，在对话框中选择"选择器类型"下拉列表中的"类（可用于任何 HTML 元素）"命令，在"选择器名称"框中输入名称".az"，单击"确定"按钮，弹出如图 7-2-8 所示的".az 的 CSS 规则定义"对话框。

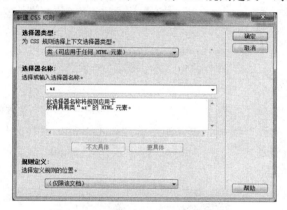

图 7-2-7 "新建 CSS 规则"对话框

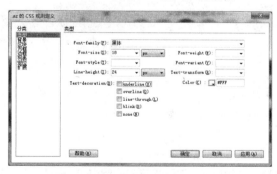

图 7-2-8 "CSS 规则定义"对话框

在"CSS 规则定义"对话框中，选择"类型"分类，在"font-Family"中选择"黑体"，在"font-size"中选择"18"，在"Line-height"项中设置为 24，在"color"项中设置为"#FFF"；在"背景"分类中，设置"Background-color（c）"为"#333"，单击"确定"按钮。

用同样的方法新建.ax 规则，将"Line-height"项设置为 20。

（2）应用 CSS 规则。

将"属性"面板切换到"HTML"，然后分别选取表格第 3 行各个单元格中的文本，在属性面板上选择"类"下拉列表中的".az"CSS样式。

分别选取嵌套表格中的项目列表和编号列表文本，在HTML属性面板上选择"类"下拉列表中的".ax"CSS样式。

3. 插入超级链接

（1）文本链接。

选中表格第3行中的"首页"两个字，然后选择"插入"→"超级链接"命令，弹出"超级链接"对话框，在链接栏中输入"index.html"，单击"确定"按钮，如图7-2-9所示。也可以直接在"属性"面板中的"链接"文本框中输入"index.html"。

图7-2-9 "超级链接"对话框

（2）图像链接。

选中表格第2行中的第1张图像，单击"属性"面板"链接"文本框右侧的"指向文件"按钮，拖动鼠标指向"文件"面板站点资源中的"shafa.html"文件并松开鼠标，在"替换"框中输入文本"更多最新动态"，在"目标"框中选择"_blank"，能使该页面在新窗口中打开，如图7-2-10所示。

图7-2-10 "图像"属性面板

（3）热点链接。

选中表格第1行中的图像，在"属性"面板中单击"矩形热点工具"按钮，沿着图像上"卡纳兰奇沙发"区域左上方的边沿拖动鼠标到区域右下方，松开鼠标后，在"属性"面板中的"链接"框中输入"http://www.kanalanqi.com"网址，在"目标"框中选择"_blank"，能使该页面在新窗口中打开，如图7-2-11所示。

图7-2-11 "热点"属性面板

（4）电子邮件链接。

选中表格第3行第5列单元格中的"联系我们"四个字，选择"插入"→"电子邮件链接"命令，在弹出对话框的"E-mail"栏中输入"contact@hotmail.com"，单击"确定"即可。

注意：电子邮件的链接也可以在"属性"面板的"链接"框中建立，格式为："mailto: contact@hotmail.com"。

（5）锚链接。

插入命名锚记：光标定位在表格第一行的图片前，选择"插入"→"命名锚记"命令，在弹出的对话框中输入锚记名称为"top"。

建立锚链接：在表格右下角插入"top.png"图片，选中该图片，在"属性"面板"链接"项中输入"#top"，完成锚链接。

效果如图 7-2-12 所示：

图 7-2-12　网页制作的效果图

四、实训拓展

打开任务 1 所建的"剑桥大学网站"中的 index.html 主页，按下列要求进行操作，操作完成后直接保存在原来位置。

（1）将表格第 2 行第 1 列和第 4 行第 1 列中已插入的两张图片上文本区域设置热点链接，链接目标为"#"（#符号在此处代表空链接）。

（2）设置第 2 行第 2 列中的文本格式（CSS 目标规则名定为.pz）的文字的字体为：黑体，字号为：20px，颜色为：#666666，且格式为加粗、单元格内居中对齐。

（3）按样张在表格第 3 行第 1 列插入动画"ByeCambridge.swf"，设置动画的宽度：245 px，高度：165 px，水平边距（水平间距）：5 px，对齐：水平、垂直均居中，播放方式为循环自动播放。

（4）在表格第 3 行第 2 列添加文本，文本内容可以从"text.txt"文件中获取，其文本格式（CSS 目标规则名定为.wz）的文字的字体为：宋体，字号为：14。

（5）按样张设置"剑桥的由来"与"康河的故事"项目符号，设置"剑桥的由来"链接到站点中的"剑桥的由来.htm"，且能在独立的窗口中显示该网页内容。

（6）按样张在表格的末尾添加两行，在其中的第一行中插入水平线，设置水平线高度为1 px，宽为 766 px。

（7）在最后一行居中位置添加一行文字"欢迎访问剑桥大学网站—联系我们"，设置"联系我们"链接到邮箱地址：contact@jq.edu.cn，效果如图 7-2-13 所示。

图 7-2-13　网页操作的效果图

实训 7.3　表单网页的制作

一、实训目的与要求

1. 掌握网页中的表单制作和表单的属性设置。

2. 了解各类表单对象的作用。

3. 熟练掌握表单中各表单对象的插入及属性设置。

二、实训内容

1. 插入表单和表单属性的设置。

2. 插入各类表单对象（文本域、单选按钮、复选框、列表、文件域、按钮等）。

3. 对各类表单对象的属性进行设置。

三、实训范例

准备工作：启动 Dreamweaver CS4，打开实验任务 2 所建立的站点"我的站点"，然后在"文件"面板上双击打开 index.html 文件。

1. 插入表单及属性设置

（1）插入表单。

插入点定位在嵌套表格的第 1 行第 5 列单元格中，然后选择"插入"→"表单"命令，即在该单元格中插入了一个红色虚线框的表单域，如图 7-3-1 所示。

插入表单也可以通过"插入"工具栏选择"表单"选项卡，然后单击选项工具栏上的"表单"按钮。

图 7-3-1　插入表单

（2）表单属性设置。

插入点定位在表单中，在属性面板上将"表单 ID"更改为"diaocha"，如图 7-3-2 所示。

图 7-3-2　表单属性面板

2. 插入表单对象

准备工作：插入点定位在表单中，首先插入一个 6 行 1 列的表格，表格宽度为 90%，边框粗细为 0，并使表格居中，在表格的第 1 行居中位置输入文字"调查表"。

（1）"列表/"→"菜单"的插入和设置。

在表格的第 2 行中首先输入文字"调查对象："，然后单击"表单"选项栏上的"列表"→"菜单"按钮，或者选择"插入"→"表单"→"列表"→"菜单"命令，在弹出的"输入标签辅助功能属性"对话框中可以直接单击"取消"按钮，效果如图 7-3-3 所示。

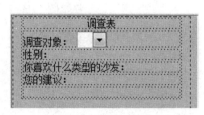

图 7-3-3　插入"下拉列表"表单对象

选中插入的"列表"→"菜单"域，在属性面板中选择"列表"类型，设置列表高度为 1，然后单击"列表值"按钮，弹出"列表值"对话框，在该对话框中通过"＋"按钮，在"项目标签"中分别输入如图 7-3-4 所示的各个项目标签，单击"确定"按钮；最后在属性面板上将"初始化时选定"项设置为"20-29 岁"，如图 7-3-5 所示。

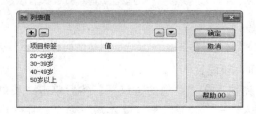

图 7-3-4　设置"列表值"对话框

图 7-3-5 "列表"属性面板

（2）"单选按钮"的插入和设置。

在表格的第 3 行中首先输入文字"性别:"，然后单击"表单"选项栏上的"单选按钮"按钮，或者选择"插入"→"表单/"→"单选按钮"命令，在弹出的"输入标签辅助功能属性"对话框中的"标签"栏中输入"男"，单击"确定"按钮；用同样的方法插入另一个单选按钮"女"。

分别选中两个单选按钮，在属性面板上将名称均改为 xb，两个单选按钮的选定值分别为"男""女"；选中"男"单选按钮域，将"属性"面板上的"初始状态"项设置为"已勾选"，如图 7-3-6 所示。

图 7-3-6 "单选按钮"的属性面板

（3）"复选框"的插入和设置。

在表格的第 4 行中首先输入文字"你喜欢什么类型的沙发？"，然后单击"表单"选项栏上的"复选框"按钮，或者选择"插入"→"表单/"→"复选框"命令，在弹出的"输入标签辅助功能属性"对话框中的"标签"栏中输入"皮质"，单击"确定"按钮；用同样的方法再插入另三个复选框"布艺""实木""藤艺"，效果如图 7-3-7 所示。

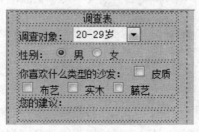

图 7-3-7 插入"复选框"效果

分别选中这四个复选框，在属性面板上将这四个复选框的名称分别改为 lx1、lx2、lx3、lx4，四个复选框的选定值分别为"皮质""布艺""实木""藤艺"，如图 7-3-8 所示。

图 7-3-8 "复选框"属性面板

（4）"文本字段"的插入和设置。

在表格的第 5 行中首先输入文字"您的建议:"，然后单击"表单"选项栏上的"文本字段"按钮，或者选择"插入"→"表单"→"文本域"命令，在弹出的"输入标签辅助功能属性"对话框中单击"取消"按钮。

选中该文本域，在属性面板上将"类型"设置为"多行"，"字符宽度"设置为 25，"行数"设置为 5，在"初始值"框中输入"--欢迎您提供建议--"，如图 7-3-9 所示，效果如图 7-3-10 所示。

图 7-3-9　"文本域"属性面板

图 7-3-10　插入文本域的效果

　　（5）"按钮"的插入和设置。

　　插入点定位在表格的第 6 行，在居中位置先后两次单击"表单"选项栏上的"按钮"按钮，或者选择"插入"→"表单"→"按钮"命令，在弹出的"输入标签辅助功能属性"对话框中单击"取消"按钮，由此插入两个按钮。

　　默认插入的按钮均是"提交"按钮，选中第二个按钮，在"属性"面板上将"值"项更改为"清除"，"动作"更改为"重设表单"，如图 7-3-11 所示，效果如图 7-3-12 所示。

图 7-3-11　按钮的属性面板

图 7-3-12　插入按钮的效果

最终页面的效果如图 7-3-13 所示。

图 7-3-13　最终效果

四、实训拓展

打开"剑桥大学网站"站点，在该网站中新建一个名为"zc.html"的网页，参考如图 7-3-14 所示的样，并通过适当的页面布局来设计"填写注册信息"表单。

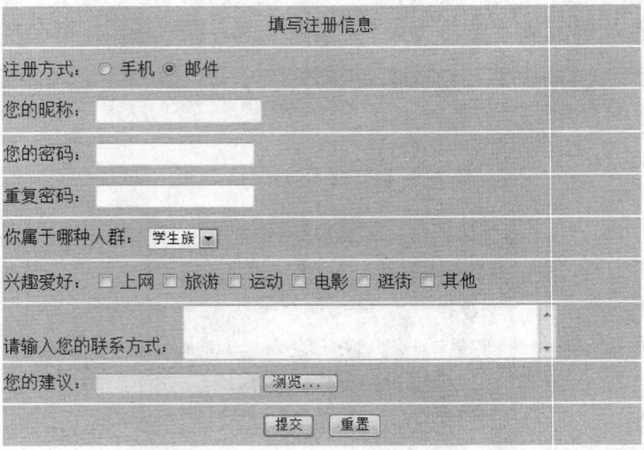

图 7-3-14　"注册信息"表单

具体要求如下：

（1）首先插入一个表单，然后在表单中插入表格，格式设置为：宽度为 45%，居中，各行的行高为 36，单元格背景颜色为"#CCCCCC"。

（2）"注册方式"为一组单选项，名称均为"fs"，默认选中"邮件"。

（3）"您的昵称"为文本域，字符宽度均为 20。

（4）"您的密码"和"重复密码"为文本域，字符宽度为 20，并以"*"显示。

（5）"你属于哪种人群"为列表项，内容为"学生族""上班族""退休族"，默认选中"学生族"。

（6）"兴趣爱好"为复选框，选项有：上网、旅游、运动、电影、逛街、其他。

（7）"请输入您的联系地址："为多行文本区域，字符宽度为 40，行数为 3 行。

（8）"您的建议为"为文件域，其他设置为默认。

（9）"提交"和"重置"为按钮，其他设置为默认。

第二部分

应试技能指导

基础理论知识

理论 1　信息技术

一、单选题

1. 一般认为，信息（Information）本质上是_____。

A. 数据

B. 人们关心的事情的消息

C. 反映物质及其运动属性及特征的原始事实

D. 记录下来的可鉴别的符号

2. 信息技术的发展经历了语言的利用、文字的发明、印刷术的发明、_____和计算机技术的发明等五次重大变革。

　　A. 烽火台　　　　　　B. 电信革命　　　　C. 传感技术的发明　　D. 遥感技术的发明

3. 美国科学家莫尔斯成功发明了有线电报和电码，拉开了_____信息技术发展的序幕。

　　A. 古代　　　　　　　B. 第五次　　　　　C. 近代　　　　　　　D. 现代

4. 计算机的发展经历了电子管时代、_____、集成电路时代和大规模集成电路时代。

　　A. 网络时代　　　　　B. 晶体管时代　　　C. 数据处理时代　　　D. 过程控制时代

5. 信息资源的开发和利用已经成为独立的产业，即_____。

　　A. 第二产业　　　　　B. 第三产业　　　　C. 信息产业　　　　　D. 房地产业

6. 信息技术是在信息处理中所采取的技术和方法，也可看作是_____的一种技术。

　　A. 信息存储功能　　　　　　　　　　　　B. 扩展人感觉和记忆功能

　　C. 信息采集功能　　　　　　　　　　　　D. 信息传递功能

7. 现代信息技术中所谓 3C 技术是指_____。

　　A. 新材料和新能源

　　B. 电子技术、微电子技术、激光技术

　　C. 计算机技术、通信技术、控制技术

　　D. 信息技术在人类生产和生活中的各种具体应用

8. 现代信息技术的内容主要包括_____、信息传输技术、信息处理技术、信息控制技术、信息展示技术和信息存储技术。

　　A. 信息获取技术　　B. 信息分类技术　　C. 信息转换技术　　　D. 信息增值技术

9. 在教学中利用计算机软件给学生演示教学内容，这种信息技术应用属于_____。

A．数据处理　　　　B．辅助教学　　　C．自动控制　　　　D．辅助设计

10. 信息安全的定义包括数据安全和_____。

A．人员安全　　　　B．计算机设备安全C．网络安全　　　　D．通信安全

11. 信息安全的四大隐患是：计算机犯罪、_____、误操作和计算机设备的物理性破坏。

A．自然灾害　　　　B．网络盗窃　　　C．计算机病毒　　　D．软件盗版

12. 计算机病毒是_____。

A．一段计算机程序或一段代码　　　　B．细菌

C．害虫　　　　　　　　　　　　　　D．计算机炸弹

13. 计算机病毒主要是造成_____的破坏或丢失。

A．磁盘　　　　　　B．主机　　　　　C．光盘驱动器　　　D．程序和数据

14. "蠕虫"病毒往往是通过_____侵入计算机系统。

A．网关　　　　　　B．系统　　　　　C．网络　　　　　　D．防火墙

15. 在如下四种病毒中，计算机启动操作系统就可能起破坏作用的是_____。

A．良性病毒　　　　B．文件型病毒　　C．宏病毒　　　　　D．系统引导型病毒

16. 关于防火墙，下列说法中正确的是_____。

A．防火墙主要是为了查杀内部网中的病毒

B．防火墙可将未被授权的用户阻挡在内部网之外

C．防火墙主要是指机房出现火情时报警

D．防火墙能够杜绝各类网络安全隐患

17. 计算机病毒的防治要从_____、监测和清除三方面来进行。

A．预防　　　　　　B．识别　　　　　C．控制　　　　　　D．验证

18. 在现实中，可行的网络安全技术手段不包括_____。

A．及时升级杀毒软件　　　　　　　　B．使用数据加密技术

C．安装防火墙　　　　　　　　　　　D．使用没有任何漏洞的系统软件

19. 预防计算机犯罪，包括验证技术、访问控制技术、加密技术、_____、生物安全技术、管理制度和措施、相关法律法规。

A．防火墙技术　　　B．监测技术　　　C．备份技术　　　　D．网络道德

20. 通过互联网将计算处理程序自动拆分成很多较小的子程序，分别交由众多服务器中的动态资源进行处理，再把结果返回给用户的方式称为_____。

A．网络爬虫　　　　B．云计算　　　　C．黑客程序　　　　D．三网合一

21. 从技术架构来看，物联网可分为三层：_____、网络层和应用层。

A．感知层　　　　　B．表示层　　　　C．传输层　　　　　D．控制层

22. 大数据的四大特征（简称4V）：数据量大、数据种类多、数据产生速度快、_____。

A．数据面广　　　　B．数据分散　　　C．数据价值高　　　D．数据管理难度大

23. 随着智能手机和3G、4G移动通信网络的发展，互联网也在向着_____方向发展。

A．移动购物网　　　B．移动互联网　　C．移动社交网　　　D．广域网

二、填空题

1. 物质、能源和_____是人类社会赖以生存、发展的三大重要资源。

2. 从数据管理和通信的角度出发，_____又可以被看作是信息的载体。

3. 信息可以由一种形态_____成另一种形态，这是信息的特征之一。

4. 20 世纪 40 年代数字电子计算机的诞生，拉开了第_____次信息革命和现代信息技术发展的序幕。

5. 现代信息技术是以电子技术为基础、_____技术为核心、通信技术为支柱、信息应用技术为目标的科学技术群。

6. 信息处理技术就是对获取的信息进行识别、_____、加工，保证信息安全、可靠地存储。

7. 网络道德是指使用计算机时除_____之外应当遵守的一些标准和规则。

8. 计算机道德大致包括遵守使用规范、履行保密义务、_____、禁止恶意攻击等几个方面。

9. 云计算的典型服务包括基础设施即服务、平台即服务、_____。

10. 通过传感器等设备，把物品与互联网联接起来，实现智能化识别、定位、跟踪、监控和管理的网络称为_____网。

理论 2　计算机技术

一、单选题

1. 计算机的基本组成原理中所述五大部件包括_____。

A. CPU、主机、电源、输入和输出设备

B. 控制器、运算器、高速缓存、输入和输出设备

C. CPU、磁盘、键盘、显示器和电源

D. 控制器、运算器、存储器、输入和输出设备

2. 下面有关数制的说法中，不正确的是_____。

A. 二进制数制仅含数符 0 和 1

B. 十进制 16 等于十六进制 10H

C. 一个数字串的某数符可能为 0，但是任一数位上的"权"值不可能是 0

D. 常用计算机内部一切数据都是以十进制为运算单位的

3. 下面有关数制的说法中，不正确的是_____。

A. 二进制只有两位数

B. 二进制只有"0"和"1"两个数码

C. 二进制运算规则是逢二进一

D. 二进制数中右起第十位的 1 相当于 29

4. 十进制数 6666 转换为二进制数是_____。

A. 1000010101110B
B. 1101000001010B

C. 1001110101110B
D. 1010110101110B

5. 十六进制数 ABCDEH 转换为十进制数是_____。

A. 713710 　　　　 B. 703710 　　　　 C. 693710 　　　　 D. 371070

6. 二进制数 11111011100B 转换为十进制数是_____。

A. 2010 　　　　 B. 2011 　　　　 C. 2012 　　　　 D. 2013

7. 十六进制数 FFFH 转换为二进制数是_____。

A. 111111111111 　　 B. 101010101010 　 C. 010101010101 　 D. 100010001000

8. 计算机中能直接被 CPU 存取的信息是存放在_____中。

A. 软盘 　　　　 B. 硬盘 　　　　 C. 光盘 　　　　 D. 内存

9. 计算机中 KB、MB、GB 分别表示_____。

A. 千字节、兆字节、千兆字节 　　　　 B. 千位、兆位、千兆位

C. 千字、兆字、千兆字 　　　　 D. 千位速率、兆位速率、千兆位速率

10. 目前微型计算机硬盘的存储容量多以 GB 计算，1 GB 可以换算为_____。

A. 1 000 KB 　　 B. 1 000 MB 　　 C. 1 024 KB 　　 D. 1 024 MB

11. 计算机的机器指令一般由两部分组成，它们是_____和操作数。

A. 时钟频率 　　 B. 指令长度码 　　 C. 操作码 　　 D. 地址码

12. 计算机要执行一条指令，CPU 首先所涉及的操作应该是_____。

A. 指令译码 　　 B. 取指令 　　 C. 存放结果 　　 D. 执行指令

13. 计算机内部指令的编码形式都是_____编码。

A. 二进制 　　　　 B. 八进制 　　 C. 十进制 　　 D. 十六进制

14. 在计算机系统内部使用的汉字编码是_____。

A. 国标码 　　　　 B. 区位码 　　 C. 输入码 　　 D. 内码

15. 计算机系统是由_____组成的。

A. 主机及外部设备 　　　　 B. 主机键盘显示器和打印机

C. 系统软件和应用软件 　　　　 D. 硬件系统和软件系统

16. CPU 即中央处理器，包括_____。

A. 内存和外存 　　　　 B. 运算器和控制器

C. 控制器和存储器 　　　　 D. 运算器和存储器

17. 目前常用计算机存储器的单元具有_____种状态，并能保持状态的稳定和在一定条件下实现状态的转换。

A. 四 　　　　 B. 三 　　　　 C. 二 　　　　 D. 一

18. 计算机中能直接被 CPU 存取的信息是存放在_____中。

A. 软盘 　　　　 B. 硬盘 　　　　 C. 光盘 　　　　 D. 内存

19. 计算机主存多由半导体存储器组成，按读写特性可以分为_____两大类。

A. ROM 和 RAM 　　　　 B. 内存和外存

C. Cache 和 RAM 　　　　 D. ROM 和 BIOS

20. 计算机断电或重新启动后，_____中的信息丢失。

A. ROM 　　　　 B. RAM 　　　　 C. 光盘 　　　　 D. 硬盘

21. 外存储器中的信息，必须首先调入_____，然后才能供 CPU 使用。

A. RAM 　　　　 B. 运算器 　　　　 C. 控制器 　　　　 D. ROM

22. _____不属于外部存储器。

A．软盘　　　　　　　B．硬盘　　　　　　C．高速缓存　　　　D．磁带

23. 直接连接存储是当前最常用的存储形式，主要存储部件不包括_____。

A．软盘　　　　　　　B．硬盘　　　　　　C．光盘　　　　　　D．优盘

24. 硬盘使用的外部总线接口标准有_____等多种。

A．Bit-BUS、STF　　　　　　　　　　　B．IDE、EIDE、SCSI

C．EGA、VGA、SVGAR　　　　　　　　D．RS232、IEEE488

25. DVD-ROM 盘上的信息_____。

A．可以反复读和写　　B．只能读出　　　　C．可以反复写入　　D．只能写入

26. 单张容量能够达到 25 GB 的光盘是_____。

A．CD 光盘　　　　　　B．VCD 光盘　　　　C．蓝光光盘　　　　D．DVD 光盘

27. 目前应用越来越广泛的优盘（U 盘）属于_____技术。

A．刻录　　　　　　　B．移动存储　　　　C．网络存储　　　　D．直接连接存储

28. 不属于新一代移动存储产品是_____。

A．闪存卡　　　　　　B．优盘　　　　　　C．移动硬盘　　　　D．可读写光盘

29. 计算机中使用 CACHE 的目的是_____。

A．为 CPU 访问硬盘提供暂存区　　　　　B．缩短 CPU 等待读取内存的时间

C．扩大内存容量　　　　　　　　　　　D．提高 CPU 的算术运算能力

30. 计算机外部输入设备中最重要的设备是_____。

A．显示器和打印机　　　　　　　　　　B．扫描仪和手写输入板

C．键盘和鼠标　　　　　　　　　　　　D．游戏杆和轨迹球

31. USB 通用串行接口总线理论上可支持_____个外接装置。

A．64　　　　　　　　B．100　　　　　　　C．127　　　　　　　D．256

32. 串行接口 RS232 和 USB 相比较，在速度上是_____。

A．RS-232 快　　　　　　　　　　　　　B．相同的

C．USB 快　　　　　　　　　　　　　　D．根据情况不确定的

33. 计算机常用的数据通信接口中，传输速率最高的是_____。

A．USB1.0　　　　　　B．USB2.0　　　　　C．RS-232　　　　　D．IEEE1394

34. 计算机的发展过程中内部总线技术起了重要的作用，微型计算机的内部总线主要由_____总线、地址总线和控制总线组成。

A．数字　　　　　　　B．数据　　　　　　C．信息　　　　　　D．交换

35. 计算机系统的内部总线，主要可分为控制总线、_____和地址总线。

A．DMA 总线　　　　　B．数据总线　　　　C．PCI 总线　　　　D．RS-232

36. 人们根据特定的需要，预先为计算机编制的指令序列称为_____。

A．软件　　　　　　　B．文件　　　　　　C．集合　　　　　　D．程序

37. 计算机硬件能直接识别和运行的语言只有_____。

A．高级语言　　　　　B．符号语言　　　　C．汇编语言　　　　D．机器语言

38. 语言处理程序的发展经历了_____三个发展阶段。

A．机器语言、BASIC 语言和 C 语言

B．机器语言、汇编语言和高级语言

C．二进制代码语言、机器语言和 FORTRAN 语言

D．机器语言、汇编语言和 C++ 语言

39．高级语言可分为面向过程和面向对象两大类，_____属于面向过程的高级语言。

A．FORTRAN　　　B．C++　　　C．JAVA　　　D．SQL

40．下列关于操作系统功能的论述中_____是错误的。

A．操作系统管理系统资源并使之协调工作

B．操作系统面向任务或过程，适合用于数据处理

C．操作系统合理地组织计算机工作过程流程

D．操作系统管理用户界面并提供良好的操作环境

41．操作系统的主要功能是_____。

A．资源管理和人机接口界面管理　　　B．多用户管理

C．多任务管理　　　D．实时进程管理

42．人们针对某项应用任务开发的软件称为_____。

A．系统软件　　　B．应用软件　　　C．工程软件　　　D．数据软件

43．Java 是一种_____。

A．数据库　　　B．计算机设备　　　C．程序设计语言　　　D．应用软件

44．属于面向过程的计算机程序设计语言是_____。

A．C　　　B．C++　　　C．Java　　　D．VB

45．Python 是一种_____的高级语言。

A．面向机器　　　B．面向过程　　　C．面向对象　　　D．面向人类

46．以下不属于工具软件的是_____。

A．电子邮件　　　B．文字处理　　　C．BIOS 升级程序　　　D．各类驱动程序

二、填空题

1．在微型机中，信息的基本存储单位是字节，每个字节内含_____个二进制位。

2．汉字国标码 GB 2312—1980 是一种_____字节编码。

3．汉字以 24×24 点阵形式在屏幕上单色显示时，每个汉字占用_____字节。

4．一幅图像分辨率为 16 像素×16 像素、颜色深度为 8 位（bit）的图像，未经压缩时的数据容量至少为_____个字节。

5．存储容量 1 GB，可存储_____MB。

6．存储器分为内存储器和外存储器，内存又称_____，外存又称辅存。

7．现代信息技术中的存储方法通常包括直接连接存储、移动存储和_____。

8．光盘的类型有_____光盘、一次性写光盘和可擦写光盘三种。

9．CPU 与存储器之间在速度的匹配方面存在着矛盾，一般采用多级存储系统层次结构来解决或缓和矛盾。按速度的快慢排列，它们是_____、内存、外存。

10．Cache 是一种介于 CPU 和_____之间的可高速存取数据的芯片。

11．USB 接口的最大缺点是传输距离_____。

12．常用打印机可分为击打式打印机、激光打印机和_____打印机等几种类型。

13. 计算机系统由计算机软件和计算机硬件两大部分组成，其中计算机软件又可分为系统软件和_____。

14. 汇编语言是利用_____表达机器指令，其优点是易读写。

15. 计算机软件又可分为系统软件和应用软件。打印驱动程序属于_____软件。

理论 3　Windows 操作系统

一、单选题

1. Windows 7 操作系统是一个_____操作系统。
A．单用户、单任务
B．多用户、多任务
C．多用户、单任务
D．单用户、多任务

2. 在 Windows 7 中，按压键盘上的"Windows 徽标"键将_____。
A．打开选定文件
B．关闭当前运行程序
C．显示"系统"属性
D．显示"开始"菜单

3. _____是 Windows 7 推出的第一大特色，它就是最近使用的项目列表，能够帮助用户迅速地访问历史记录。
A．跳转列表
B．Aero 特效
C．Flip 3D
D．Windows 家庭组

4. 在 Windows 7 的休眠模式下，系统的状态是_____的。
A．保存在 U 盘中
B．保存在硬盘中
C．保存在内存中
D．不被保存

5. 如果要暂时离开计算机且不希望让别人使用计算机时，可以选择_____。
A．关机
B．重新启动
C．睡眠
D．锁定

6. 要关闭没有响应的程序，最确切的方法是按_____。
A．主机"重启"按钮
B．【Ctrl+F4】
C．【Ctrl+Alt+Del】
D．【Alt+Tab】

7. 若要快速查看桌面小工具和文件夹，而又不希望最小化所有打开的窗口，可以使用_____功能。
A．Aero Snap
B．Aero Shake
C．Aero Peek
D．Flip 3D

8. 在 Windows 中，桌面是指_____。
A．当前窗口
B．任意窗口
C．全部窗口
D．整个屏幕

9. Windows 7 的桌面主题注重的是桌面的_____。
A．颜色
B．显示风格
C．局部个性化
D．整体风格

10. Windows 7 系统通用桌面图标有五个，但不包含_____。
A．计算机
B．用户的文件
C．控制面板
D．IE 浏览器

11. 桌面图标实质上是_____。
A．程序
B．文本文件
C．快捷方式
D．文件夹

12. 桌面图标的排列方式可以通过_____来进行设定。
A．任务栏快捷菜单
B．桌面快捷菜单
C．任务按钮栏
D．图标快捷菜单

13. 桌面图片可以用幻灯片放映方式定时切换，设置的最关键步骤应该是_____。

A．选择图片位置　　　B．选择图片主题　　C．设置图片时间向隔　D．保存主题

14．在 Windows 7 中右击某对象时，会弹出_____菜单。

A．控制　　　　　　　B．快捷　　　　　　C．应用程序　　　　　　D．窗口

15．Windows 7 中的图标可以指_____。

A．应用程序　　　　　B．文档　　　　　　C．文件夹　　　　　　　D．以上都正确

16．在 Windows 7 中文件名不能是_____。

A．ABc$　　　　　　　B．ABC$*　　　　　C．ABc$+&&　　　　　　D．ABc$+%!

17．Windows 7 系统的文件系统规定是_____。

A．同一文件夹中的文件可以同名　　　　　B．同一文件夹中子文件夹不可以同名

C．同一文件夹中子文件夹可以同名　　　　D．不同文件夹中的文件不可以同名

18．_____不是可选用的桌面上三种窗口排列形式之一。

A．层叠　　　　　　　B．透明显示　　　　C．堆叠显示　　　　　　D．并排显示

19．如果要调整系统的日期和时间，可以右击_____，然后从快捷菜单中选择命令。

A．桌面空白处　　　　　　　　　　　　　　B．任务栏空白处

C．任务栏通知区　　　　　　　　　　　　　D．通知区日期/时间

20．"开始"菜单在功能布局上，除了右窗格上下各有用户账户按钮和计算机关闭选项按钮外，主要有三个基本部分，而_____不属于"开始"菜单的基本组成。

A．程序列表　　　　　B．任务按钮栏　　　C．搜索框　　　　　　　D．常用链接菜单

21．Windows 7 中任务栏_____。

A．不能移动　　　　　　　　　　　　　　　B．不能隐藏

C．不能改变大小　　　　　　　　　　　　　D．能使用小图标

22．_____是关于 Windows "任务栏"的正确描述。

A．显示系统的所有功能

B．只显示当前活动程序窗口名

C．只显示正在后台工作的程序窗口名

D．便于实现程序窗口之间的切换

23．当一个应用程序的窗口被最小化后，该应用程序将_____。

A．继续在桌面运行　　　　　　　　　　　　B．仍然在内存中运行

C．被终止运行　　　　　　　　　　　　　　D．被暂停运行

24．在 Windows 7 中操作时，鼠标右击对象，则_____。

A．可以打开一个对象的窗口　　　　　　　　B．激活该对象

C．复制该对象的备份　　　　　　　　　　　D．弹出针对该对象操作的快捷菜单

25．在 Windows 系统中，"回收站"的内容_____。

A．将被永久保留　　　　　　　　　　　　　B．不占用磁盘空间

C．可以被永久删除　　　　　　　　　　　　D．只能在桌面上找到

26．在 Windows 中，回收站的作用是存放_____。

A．文件碎片　　　　　　　　　　　　　　　B．被删除的文件

C．已损坏的文件　　　　　　　　　　　　　D．录入到剪贴板的内容

27．在清理回收站的下列操作中，_____操作无法将文件从磁盘中彻底删除。

A．在回收站快捷菜单选"清空回收站"

B．在回收站中选择文件快捷菜单的"删除"命令

C．在回收站中选择文件后按【Del】键

D．在回收站中选择文件快捷菜单的"还原"命令

28．直接永久删除文件而不是将其移至回收站的快捷键是_____。

A．【Esc+Deletet】　　　　　　　　　B．【Alt+Deletet】

C．【Ctrl+Deletet】　　　　　　　　　D．【Shift+Deletet】

29．剪贴板的作用是_____。

A．临时存放应用程序剪贴或复制的信息　　B．作为资源管理器管理的工作区

C．作为并发程序的信息存储区　　　　　　D．在使用 DOS 时划给的临时区域

30．在 Windows 环境下，剪贴板是_____上的一块区域。

A．软盘　　　　　B．硬盘　　　　　C．光盘　　　　　D．内存

31．Windows 操作中，经常用到剪切、复制和粘贴功能，其中粘贴功能的快捷键为_____。

A．【Ctrl+C】　　　　B．【Ctrl+S】　　　　C．【Ctrl+X】　　　　D．【Ctrl+V】

32．按_____键，可以将当前窗口全部复制到剪贴板中。

A．按【Ctrl+Print Screen】　　　　　　B．按【Alt+Print Screen】

C．按【Print Screen】　　　　　　　　　D．按【Alt+Ctrl+Print Screen】

33．在 Windows 7 的下列操作中，不能创建应用程序快捷方式的操作是_____。

A．直接拖拽应用程序到桌面　　　　　　B．在对象上单击鼠标右键

C．用鼠标右键拖拽对象　　　　　　　　D．在目标位置单击鼠标左键

34．在 Windows 7 中，选择全部文件夹或文件的快捷键是_____。

A．【Shift+A】　　　　B．【Ctrl＋A】　　　　C．【Shift+S】　　　　D．【Ctrl+S】

35．在资源管理器窗口中，若要选定连续的几个文件或文件夹，可以在选中第一个对象后，用_____键＋单击最后一个对象完成选取。

A．【Tab】　　　　B．【Shift】　　　　C．【Alt】　　　　D．【Ctrl】

36．在"资源管理器"窗口中，若要选定多个不连续的文件或文件夹，须在单击操作之前按下_____键。

A．【Tab】　　　　B．【Shift】　　　　C．【Alt】　　　　D．【Ctrl】

37．在 Windows 7 的资源管理器窗口，中，利用导航窗格可以快捷地在不同的位置之间进行浏览，但该窗格一般不包括_____部分。

A．收藏夹　　　　B．库　　　　C．计算机　　　　D．网上邻居

38．在资源管理器上，用鼠标左键将应用程序文件拖曳到桌面的结果是_____到桌面。

A．复制该程序文件　　　　　　　　　　B．移动该程序文件

C．生成快捷方式　　　　　　　　　　　D．没任何内容

39．在 Windows 7 中，资源管理器的_____内提供了"收藏夹""库""家庭组""计算机"以及"网络"节点。

A．导航窗格　　　　B．菜单栏　　　　C．地址栏　　　　D．细节窗格

40．在 Windows 7 的资源管理器中，选择_____查看方式可以显示文件的"大小"和

"修改时间"。

    A．大图标   B．小图标   C．列表   D．详细信息

41．关于库功能的说法，下列错误的是_____。

    A．库中可添加硬盘上的任意文件夹

    B．库中文件夹里的文件保存在原来的地方

    C．库中添加的是指向文件夹的快捷方式

    D．库中文件夹里的文件被彻底移动到库中

42．_____是关于 Windows 的文件类型和关联的不正确说法。

    A．一种文件类型可不与任何应用程序关联

    B．一个应用程序只能与一种文件类型关联

    C．一般情况下，文件类型由文件扩展名标识

    D．一种文件类型可以与多个应用程序关联

43．下列关于配置文件类型与应用程序之间关联的说法，不正确的是_____。

    A．将文件类型与程序关联是针对不同类型文件来决定哪个程序打开该类型文件

    B．设置默认程序功能是决定这个程序可以用来打开哪些类型的文件

    C．直接通过文件属性可以更改与文件关联的程序

    D．将文件类型或协议与特定程序关联和设置默认程序功能本质上是相同的

44．在 Windows 7 中，关闭一个活动应用程序窗口，使用的快捷键是_____。

    A．【Alt+Tab】   B．【Alt+F2】

    C．【Alt+F4】   D．【Ctrl+Tab】

45．在 Windbws 7 的默认设置下，用户按_____组合键进行全角和半角的切换。

    A．【Alt+Tab】   B．【Shift+Space】

    C．【Alt+F4】   D．【Girl+Space】

46．_____操作系统只能使用命令输入方式。

    A．DOS   B．麦金塔（Macintosh）操作系统

    C．Microsoft Windows XP   D．Microsoft Windows 2000

47．电脑用一段时间后，磁盘空间会变得零散，可使用_____工具进行整理。

    A．磁盘空间管理   B．磁盘清理程序   C．磁盘扫描程序   D．磁盘碎片整理

48．Windows 8 中_____取代了原来 Windows 开始菜单的功能。

    A．开始屏幕   B．磁贴   C．超级按钮   D．设置

二、填空题

1．Windows 7 的桌面主要包括桌面背景、桌面图标、"开始"按钮和_____等。

2．在 Windows 7 中，当用户打开多个窗口时，只有一个窗口处于激活状态，该窗口称之为_____窗口。

3．_____界面是 Windows 7 下一种全新图形界面，其特点是透明的玻璃图案中带有精致的窗口动画和新窗口颜色。

4．Windows 7 启动后，系统进入全屏幕区域，整个屏幕区域称为_____。

5．在 Windows 7 桌面上可以按下列三种方式之一自动排列当前打开着的窗口，即

窗口、堆叠显示窗口、并排显示窗口。

6. 在 Windows 7 中，将文件类型与一个应用程序设置_____以后，可以默认使用指定的应用程序打开该类型的文件。

7. 在 Windows 7 中，很多可用来设置计算机各项系统参数的功能模块集中在_____上。

8. 在 Windows 7 中，各个应用程序之间可通过_____交换信息。

9. 在 Windows 7 的睡眠模式下，系统的状态是保存在_____中的。

10. 在 Windows 7 中，可以使用_____窗口来查看和管理计算机中的各种文件。

11. 在操作系统中，每个文件都有一个属于自己的文件名，文件名的格式是"主文件名._____"。

12. 在"资源管理器"窗口中，用户如果要选择多个不相邻的图标，则先选中第一个，然后按住_____键，再选择其他要选择的文件图标。

13. 按_____可以将整个屏幕的界面录入剪贴板。

14. _____按钮中包含可搜索、共享、开始、设备以及设置五个模块。

15. 单击"桌面"_____或者按下【Win+D】组合键进入 Windows 8 系统的传统 Windows 桌面。

理论 4　Microsoft Office 2010 应用

一、单选题

1. 在 Word 文档窗口编辑区中，当前输入的文字被显示在_____。

A. 文档的尾部　　　　　　　　　　B. 鼠标指针的位置

C. 插入点的位置　　　　　　　　　D. 当前行的行尾

2. Word 2010 的模板文件扩展名为_____。

A. .doc　　　　　B. .dat　　　　　C. .xlsx　　　　　D. .dotx

3. Word 的查找、替换功能非常强大，下面的叙述中正确的是_____。

A. 不可以指定查找文字的格式，只可以指定替换文字的格式

B. 可以指定查找文字的格式，但不可以指定替换文字的格式

C. 不可以按指定文字的格式进行查找及替换

D. 可以按指定文字的格式进行查找及替换

4. Word 的替换功能无法实现_____的操作。

A. 将指定的字符变成蓝色黑体

B. 将所有的字母 A 变成 B、所有的 B 变成 A

C. 删除所有的字母 A

D. 将所有的数字自动翻倍

5. 在 Word 中，执行"粘贴"操作后_____。

A. 剪贴板中的内容被清空　　　　　B. 剪贴板中的内容不变

C. 选择的对象被粘贴到剪贴板　　　D. 选择的对象被录入到剪贴板

6. 在 Word2010 中，要把所有段落第一行向右移动两个字符的位置，正确的选项是_____。

A．单击"开始"选项卡中的"字体"命令

B．拖动标尺上的"缩进"游标

C．单击"插入"选项卡中的"项目符号和编号"命令

D．以上都不是

7．在 Word 2010 中，不能够实现复制的操作包括_____。

A．先选定文本，按住【Ctrl+C】键后，再到插入点按【Ctrl+V】键

B．选定文本，单击"开始"选项卡的"复制"按键后，将光标移动到插入点，单击"开始"选项卡上的"粘贴"按键

C．选定文本，按住【Shift】键，同时按住鼠标左键，将光标移到插入点

D．选定文本，按【Ctrl】键并按住鼠标左键，移到插入点

8．一般情况下，输入了错误的英文单词时，Word 2010 会_____。

A．自动更正 　　　　　　　　　B．在单词下加绿色波浪线

C．在单词下加红色波浪线 　　　D．无任何措施

9．在 Word 2010 操作中，鼠标指针位于文本区_____时，将变成指向右上方的箭头。

A．右边的文本选定区 　　　　　B．左边的文本选定区

C．下方的滚动条 　　　　　　　D．上方的标尺

10．在 Word 2010 操作中，选定文本块后，鼠标指针变成箭头形状，_____拖动鼠标到需要处即可实现文本块的移动。

A．按住【Ctrl】键 　　B．按住【Esc】键 　　C．按住【Alt】键 　　D．无需按键

11．在 Word 2010 中，查找操作_____。

A．可以无格式或带格式进行，还可以查找一些特殊的非打印字符

B．只能带格式进行，还可以查找一些特殊的非打印字符。

C．搜索范围只能是整篇文档

D．可以无格式或带格式进行，但不能用任何统配符进行查找

12．Word 2010 的文档中可以插入各种分隔符，以下一些概念中错误的是_____。

A．默认文档为一个"节"，若对文档中间某个段落设置过分栏，则该文档自动分成了三个"节"

B．在需要分栏的段落前插入一个"分栏符"，就可对此段落进行分栏

C．文档的一个节中不可能包含不同格式的分栏

D．一个页面中可能设置不同格式的分栏

13．在 Word 2010 中，要给段落添加底纹可以通过_____实现。

A．"开始"选项卡"段落"组"底纹"命令

B．"插入"选项卡"底纹"命令

C．"开始"选项卡"字体"命令

D．以上都可以

14．在 Word 2010 中，"开始"选项卡"字体"组中"B"图形按钮的作用是使选定对象_____。

A．变为斜体 　　　　B．变为粗体 　　　　C．加下划线单线 　　　　D．加下划线波浪线

15．在 Word 2010 中，要设置字间距，可选择_____命令。

A．"开始"选项卡"段落"组的"行和段落间距"

B．"开始"选项卡"段落"组"字符间距"

C．"页面布局"选项卡"字符间距"

D．"开始"选项卡"段落"组"缩进与间距"

16．在 Word 2010 中，如果要调整行距，可使用"开始"选项卡_____组中的命令。

A．"字体"　　　　　B．"段落"　　　　　C．"制表位"　　　　　D．"样式"

17．Word 的"格式刷"可用于复制文本或段落的格式。若要将选中的文本或段落格式重复应用多次，应操作_____。

A．单击格式刷　　　B．双击格式刷　　　C．右击格式刷　　　D．拖动格式刷

18．Word 2010 不可以只对_____改变文字方向。

A．表格单元格中的文字　　　　　　　B．图文框

C．文本框　　　　　　　　　　　　　D．选中的几个字符

19．选定 Word 表格中的一行，再执行"开始"选项卡中的"剪切"命令，则_____。

A．将该行各单元格的内容删除，变成空白

B．删除该行，表格减少一行

C．将该行的边框删除，保留文字

D．在该行合并表格

20．在 Word 2010 中对表格进行拆分与合并操作时，_____。

A．一个表格可拆分成上下两个或左右两个

B．对表格单元格的合并，可以左右或上下进行

C．对表格单元格的拆分要上下进行；合并要左右进行

D．一个表格只能拆分成左右两个

21．要对 Word 2010 文档的每一页加上页码，不正确的说法是_____。

A．可以利用"页眉和页脚"命令加上页码

B．页码必须从 1 开始编号

C．无需对每一页都使用"页眉和页脚"命令来设置

D．页码既可以出现在页脚上，也可以出现在页眉上

22．对于 Word 2010 的图片操作，下列说法正确的是_____。

A．在文档中插入的剪贴画是位图文件格式，可以取消图形对象的组合

B．在文档中插入的剪贴画是图元文件格式，不可以取消图形对象的组合

C．在文档中插入的图片只能浮动于文字之上

D．在文档中插入的浮动图片可以改为嵌入图片

23．在 Word 2010 中，要插入艺术字需通过_____命令。

A．"插入"选项卡"文本"组"艺术字"

B．"开始"选项卡"样式"组"艺术字"

C．"开始"选项卡"文本"组"艺术字"

D．"插入"选项卡"插图"组"艺术字"

24．在 Word 2010 中，如果将选定的文档内容置于页面正中间，只需单击"开始"选项卡中的_____按钮即可。

A．两端对齐　　　　　　B．居中　　　　　　C．左对齐　　　　　　D．右对齐

25．在 Word 2010 中，每一页都要出现的一些信息应放在在_____。

A．文本框　　　　　B．脚注　　　　　C．第一页　　　　　D．页眉/页脚

26．下列_____不是使用 SmartArt 的好处。

A．如果要将一种图示改成其他图示（例如将流程图改成循环图），无需重新手工绘制，SmartArt 会自动转换

B．可以快速插入专业效果的图示

C．可以在 SmartArt 的文本窗格输入文字，文字手动添加到相应的图形上

D．可以随着输入文字，自动添加或减少图形并自动完成布局

27．Excel 主要功能是_____。

A．表格处理、文字处理、文件管理

B．表格处理、网络通信、图形处理

C．表格处理、数据库处理、图形处理

D．表格处理、数据处理、网络通信

28．一个 Excel1 工作簿中含有_____个默认工作表。

A．1　　　　　　B．3　　　　　　C．16　　　　　　D．256

29．在 Excel 中，对单元格的引用有多种，被称为绝对引用的是_____。

A．A1　　　　　　B．A$1　　　　　　C．$A1　　　　　　D．A1

30．在默认的情况下，Excel 自定义单元格为通用格式，当数值长度超过单元格长度时将用_____显示。

A．普通记数法　　　B．分数记数法　　　C．科学记数法　　　D．# #######

31．若要把一个数字作为文本（例如，邮政编码、电话号码、产品代号等），只要在输入时加上一个_____，Excel 就会把该数字作为文本处理，将它沿单元格左边对齐。

A．双撇号　　　　　B．单撇号　　　　　C．分号　　　　　D．逗号

32．在 Excel 工作表的单元格中输入公式时，应先输入_____号。

A．=　　　　　　B．&　　　　　　C．@　　　　　　D．%

33．在 Excel 中，单元格区域"A2：B3"代表的单元格为_____。

A．A1 B3　　　B．B1 B2 B3　　　C．A2 A3　B2 B3　　　D．A1 A2 A3

34．在 Excel 2010 中，对工作表中公式单元格作移动或复制时，以下正确的说法是_____。

A．其公式中的绝对地址和相对地址都不变

B．其公式中的绝对地址和相对地址都会自动调整

C．其公式中的绝对地址不变，相对地址自动调整

D．其公式中的绝对地址自动调整，相对地址不变

35．在 Excel 2010 工作表中，若对选择的某一单元格只要复制其公式，而不要复制该单元格格式到另一个单元格时，先选择"编辑"菜单的"复制"命令，然后定位目标单元格，再选择_____命令。

A．选择性粘贴　　　B．粘贴　　　　C．剪切　　　　D．以上命令均可

36．对选定的单元格和区域命名时，需要选择_____选项卡的"定义的名称"组中的

"定义名称"命令。

    A．开始   B．插入   C．公式   D．数据

37．Excel 2010 提供的主题样式主要包括_____等。

    A．字体   B．颜色   C．效果   D．以上都正确

38．在 Excel 中，若要对 A1 至 A4 单元格内的四个数字求平均值，不可采用的公式或函数_____。

    A．SUM(A1:A4)/4   B．(A1+A2:A4)/4

    C．(A1+A2+A3+A4)/4   D．AVERAGE(A1:A4)

39．要在单元格中得到 2789+12345 的和，应输入_____。

    A．2789+12345   B．＝2789+12345   C．278912345   D．2789,12345

40．在 Excel 中，如果要在 G2 单元得到 B2 到 F2 单元的数值和，应在 G2 单元输入_____。

    A．＝SUM（B2 F2）   B．＝SUM（B2:F2）

    C．＝B：F   D．SUM（B2：F）

41．在 Excel 2010 的图表中，水平 X 轴通常用来作为_____。

    A．排序轴   B．分类轴   C．数值轴   D．时间轴

42．在 Excel 2010 中的浮动工具栏不可以设置单元格内容的_____等。

    A．增加小数位数   B．合并后居中   C．宽度和高度   D．字体和字号

43．在 Excel 2010 中，对数据表进行自动筛选后，所选数据表的每个字段名旁都对应着一个_____。

    A．下拉列表   B．对话框   C．窗口   D．工具栏

44．如果要对数据进行分类汇总，必须先对数据_____。

    A．按分类汇总的字段排序，从而使相同的记录集中在一起

    B．自动筛选

    C．按任何一字段排序

    D．格式化

45．在编辑工作表时，隐藏的行或列在打印时将_____。

    A．被打印出来   B．不被打印出来   C．不确定   D．以上都不正确

46．在 PowerPoint 2010 中，需要利用模板创建演示文稿，不能通过_____途径完成。

    A．"样本模板"   B．"Office.com 模板"

    C．"我的模板"   D．"主题"

47．PowerPoint 2010 模板的扩展名是_____。

    A．potx   B．pptx   C．prtx   D．pftx

48．在 PowerPoint 2010 中，使用_____选项卡中的"幻灯片母版"命令，可以进入"幻灯片母版"视图。

    A．编辑   B．工具   C．视图   D．格式

49．在 PowerPoint 2010 中，幻灯片母版包含_____个占位符，用来确定幻灯片母版的版式。

    A．4   B．5   C．8   D．7

50. 以下关于 PowerPoint2010 的主题的说法，不正确的有_____。

A．在演示文稿中应用主题之后，"快速样式"库将发生变化，以适应该主题

B．在演示文稿中插入的所有新 SmartArt 图形、表格、图表、艺术字或文字均会自动与现有主题匹配

C．PowerPoint 2010 的主题，不能用于 Word 2010 或 Excel 2010

D．选择主题，可以使幻灯片中胡表格、图表和图形等的颜色和样式统一变化，并要确保它们能相互匹配

51. 在 PowerPoint 2010 中，幻灯片一般由 5 个占位符组成，用来确定幻灯片母板的版式，以下不属于幻灯片占位符的是_____。

A．内容　　　　　　B．日期　　　　　　C．页脚　　　　　　D．标题

52. 以下不能实现插入幻灯片的操作是_____。

A．执行"文件"→"新建"命令

B．单击"开始"选项卡"幻灯片"组的"新建幻灯片"按钮

C．【Ctrl+m】

D．从快捷菜单选择"新建幻灯片"命令

53. 在 PowerPoint 2010 中，可以通过"设置背景格式"对话框，设置背景的填充、图片更正、_____和艺术效果。

A．图片版式　　　　B．图片样式　　　　C．图片位置　　　　D．图片颜色

54. 在 PowerPoint 2010 中，可以使用_____选项卡上的命令来为切换幻灯片时添加声音。

A．动画　　　　　　B．切换　　　　　　C．设计　　　　　　D．插入

55. 在 PowerPoint 2010 中，可以通过"设置放映方式"对话框，设置_____等。

A．放映方式　　　　B．放映时间　　　　C．换片方式　　　　D．切换方式

56. 在 PowerPoint 2010 中，文件不可以保存为_____格式。

A．pptx　　　　　　B．pdf　　　　　　C．xps　　　　　　D．dotx

57. 在 PowerPoint 2010 中，要给幻灯片应用逻辑节，要通过"开始"选项卡_____组来实现。

A．段落　　　　　　B．编辑　　　　　　C．绘画　　　　　　D．幻灯片

58. 在 PowerPoint 2010 中，为幻灯片中的对象自定义动画效果，不能选择添加动画的_____效果。

A．进入　　　　　　B．强调　　　　　　C．退出　　　　　　D．声音

59. 在 PowerPoint 中，设置幻灯片放映时的切换效果为"百叶窗"，应使用_____选项卡下的选项。

A．动作　　　　　　B．切换　　　　　　C．动画　　　　　　D．幻灯片放映

60. PowerPoint 的超链接可以使幻灯片播放时自由跳转到_____。

A．某个 Web 页面

B．演示文稿中的某一指定的幻灯片

C．某个 Office 文档或文件

D．以上都可以

二、填空题

1．在 Word 2010 中，利用水平标尺可以设置段落的_____格式。

2．在 Word 2010 中一种选定矩形文本块的方法是按住_____键的同时用鼠标拖曳。

3．在 Word 2010 功能区中按_____键可以显示所有功能区的快捷键提示，按键盘【Esc】可以退出键盘快捷方式提示状态。

4．在 Word 中，图片格式有嵌入型、_____、紧密型、衬于文字下方、浮于文字上方。

5．修改默认的工作表，通过_____命令来完成。

6．在电子表格应用中，组成电子表格的最基本单位是_____。

7．若单元格引用随公式所在单元格位置的变化而改变，则称之为_____。

8．在电子表格应用中，用来计算数组或数据区域中所含数字项的个数的函数是_____。

9．在 Excel 中，修改活动单元格中的数据时，可先将插入点置于_____中待修改数据的位置，然后进行修改。

10．在 Excel 2010 中，除了可以直接在单元格中输入函数外，还可以单击编辑栏上的_____按钮来输入函数。

11．Excel 2010 工作簿文件的扩展名约定为_____。

12．在 Excel 中，在 A2 和 B2 单元格中分别输入数值 18 和 16，当选定 A2:B2 区域，用鼠标拖曳填充柄到 E2 单元，E2 单元中的值是_____。

13．在 PowerPoint 2010 中，通过选择"开始"选项卡下的_____命令，可以使用节功能。

14．在 PowerPoint 2010 中，单击"插入"选项卡"文本"组中的"幻灯片编号""页眉和页脚"和_____命令，将打开"页眉和页脚"对话框。

15．在 PowerPoint 2010 中，母版视图分为_____、讲义母版和备注母版三类。

16．在 PowerPoint 2010 中，要让不需要的幻灯片在放映时隐藏，可通过"幻灯片映"选项卡"设置"组的_____来设置。

17．如要终止幻灯片的放映，可直接按_____键。

18．PowerPoint2010 对象应用，包括文本、_____、插图、相册、媒体、逻辑节等的应用。

19．在"动画"选项卡的"动画"组中有四种类型的动画方案，分别为：进入动画方案、强调动画方案、_____和动作路径动画方案。

20．在 PowerPoint 2010 中，需要复制幻灯片中的动画效果，可在"动画"选项卡的"高级动画"组中，单击_____按钮，即将动画效果复制给其他幻灯片对象。

理论 5　多媒体技术

一、单选题

1．计算机的多媒体技术是以计算机为工具，接受、处理和显示由_____等表示的信息的技术。

A．中文、英文、日文　　　　　　　　B．图像、动画、声音、文字和影视

C．拼音码、五笔字型码　　　　　　　　D．键盘命令、鼠标器操作

2．以下_____不是计算机多媒体系统的特点。

A．交互性　　　　　B．集成性　　　　　C．实时性　　　　　D．模拟性

3．下列各项中不是多媒体设备的是_____。

A．光盘驱动器　　　B．鼠标　　　　　　C．声卡　　　　　　D．显示卡

4．媒体播放器不支持格式的多媒体文件_____。

A．MP3　　　　　　B．MOV　　　　　　C．AVI　　　　　　D．MPEG

5．以下属于视频制作的常用软件的是_____。

A．Word　　　　　　　　　　　　　　　B．PhotoShop

C．Ulead Video Edit　　　　　　　　　D．Ulead Audio Edit

6．以下属于动画制作软件的是_____。

A．Photoshop　　　　　　　　　　　　B．Ulead Audio Editor

C．Flash　　　　　　　　　　　　　　D．Dreamweaver

7．下列_____不是视频捕捉卡支持的视频源。

A．放像机　　　　　B．摄像机　　　　　C．影碟机　　　　　D．CD-ROM

8．以下容量为 4.7 GB 的只读光存储器是_____。

A．CD-ROM　　　　B．DVD-ROM　　　C．CD 刻录机　　　D．DVD 刻录机

9．单张容量能够达到 25 GB 的光盘是_____。

A．CD 光盘　　　　B．VCD 光盘　　　　C．蓝光光盘　　　　D．DVD 光盘

10．_____不属于多媒体计算机可以利用的视频设备。

A．显示器　　　　　B．摄像头　　　　　C．数码摄像机　　　D．MIDI 设备

11．以下_____不是扫描仪的主要性能指标。

A．分辨率　　　　　B．连拍速度　　　　C．色彩位数　　　　D．扫描速度

12．以下不是扫描仪的主要技术指标是_____。

A．分辨率　　　　　B．色深度及灰度　　C．扫描幅度　　　　D．厂家品牌

13．扫描仪可在_____应用中使用。

A．拍数字照片　　　B．图像识别　　　　C．光学字符识别　　D．图像处理

14．计算机采集数据时，单位时间内的采样数称为_____，其单位是用 Hz 来表示。

A．采样周期　　　　B．采样频率　　　　C．传输速率　　　　D．分辨率

15．A/D 转换器的功能是将_____。

A．声音转换为模拟量　　　　　　　　　B．模拟量转换为数字量

C．数字量转换为模拟量　　　　　　　　D．数字量和模拟量混合处理

16．D/A 转换器的功能是将_____。

A．声音转换为模拟量　　　　　　　　　B．模拟量转换为数字量

C．数字量转换为模拟量　　　　　　　　D．数字量和模拟量混合处理

17．在多媒体中，对模拟波形声音进行数字化（如制作音乐 CD)时，常用的标准采样频率为_____。

A．44.1 kHz　　　　B．1024 kHz　　　　C．4.7 GHz　　　　D．256 Hz

18．_____是衡量数据压缩技术的性能好坏的重要指标之一。

A．压缩比　　　　　　　B．波特率　　　　　　　C．比特率　　　　　　　D．存储空间

19．_____不是衡量一种数据压缩技术性能好坏的重要指标。

A．压缩比　　　　　　　B．算法复杂度　　　　　C．压缩前的数据量　　　D．数据还原效果

20．一幅图像分辨率为 16 像素×16 像素、颜色深度为 8 位（bit）的图像，未经压缩时的数据容量至少为_____字节。

A．16　　　　　　　　　B．16×16×8　　　　　　C．16×16/8　　　　　　D．16×16×8/8

21．存储一幅图像时，当像素数目固定时，采用_____色彩范围表示的文件所占空间最大。

A．256 色　　　　　　　B．16 位色　　　　　　　C．24 位色　　　　　　　D．32 位色

22．有关常见的多媒体文件格式，以下叙述错误的是_____。

A．BMP 格式存储的是矢量图　　　　　　　B．JPG 格式是有损压缩格式

C．MP3 格式是有损压缩格式　　　　　　　D．GIF 格式可以存储动画

23．_____标准是静态数字图像数据压缩标准。

A．MPEG　　　　　　　B．PEG　　　　　　　　C．JPEG　　　　　　　　D．JPG

24．_____标准是用于视频影像和高保真声音的数据压缩标准。

A．MPEG　　　　　　　B．PEG　　　　　　　　C．JPEG　　　　　　　　D．JPG

25．_____文件是视频影像文件。

A．MPEG　　　　　　　B．MP3　　　　　　　　C．MID　　　　　　　　　D．GIF

26．以下文件格式中不是视频格式的是_____。

A．MOV　　　　　　　B．AVI　　　　　　　　C．JPG　　　　　　　　　D．MPG

27．以下有关 Windows 下标准格式 AVI 文件叙述正确的是_____。

A．AVI 文件采用音频–视频交错视频无损压缩技术

B．将视频信息与音频信息混合交错地存储在同一文件中

C．较好地解决了音频信息与视频信息同步的问题

D．较好地解决了音频信息与视频信息异步的问题

28．以下关于视频压缩的说法中，正确的是_____。

A．空间冗余编码属于空间压缩　　　　　　B．时间冗余编码属于帧内压缩

C．空间冗余编码属于帧间压缩　　　　　　D．时间冗余编码属于帧间压缩

29．把连续的影视和声音信息经过压缩后，放到网络媒体服务器上，让用户边下载边收看，这种专门的技术称作为_____。

A．流媒体技术　　　　　　　　　　　　　　B．数据压缩技术

C．多媒体技术　　　　　　　　　　　　　　D．现代媒体技术

30．流媒体技术的基础是_____技术。

A．数据传输　　　　　　B．数据压缩　　　　　　C．数据存储　　　　　　D．数据运算

31．多媒体计算机在对声音信息进行处理时，必须配置的设备是_____。

A．扫描仪　　　　　　　B．彩色打印机　　　　　C．音频卡　　　　　　　D．数码相机

32．以下不属于多媒体声卡的功能是_____。

A．录制和编辑波形音频文件　　　　　　　B．合成和播放波形音频文件

C．压缩和解压缩波形音频文件　　　　　　D．与 MIDI 设备相连接

33．通常所说的 16 位声卡意思是_____。

A．声卡的数据和地址总线都是 16 位

B．声卡采样后的量化位数是 16 位

C．声卡中信号处理时数据长，度是 16 位

D．声卡采用 16 位的 ISA 接口

34．在音频处理中，人耳所能听见的最高声频大约可设定为 22 kHz．，根据那奎斯特定律，对音频的最高标准采样频率应取 22 kHz 的_____倍。

A．0.5　　　　　　B．1　　　　　　C．1.5　　　　　　D．2

35．以下属于音频信号的无损压缩编码方法的是_____。

A．波形编码　　　　B．行程编码　　　　C．参数编码　　　　D．混合编码

36．以下叙述正确的是_____。

A．编码时删除一些无关紧要的数据的压缩方法称为无损压缩

B．解码后的数据与原始数据不一致称有损压缩编码

C．编码时删除一些重复数据以减少存储空间的方法称为有损压缩

D．解码后的数据与原始数据不一致称无损压缩编码

37．以下叙述不正确的是_____。

A．波表合成器将声音的采样值保存在 ROM 中，供数字信号处理器查表调用

B．合成器存在于声卡中，可分成调频合成器和波表合成器两种

C．调频合成是对真实乐器发出的声音进行采样，将采样值制表保存在 ROM 中，可由数字信号处理器随时查表调用处理

D．合成器是利用数字信号处理器或其他芯片来产生音乐或声音的电子装置

38．一般来说，要求声音的质量越高，则_____。

A．量化级数越低和采样频率越低　　　　B．量化级数越高和采样频率越高

C．量化级数越低和采样频率越高　　　　D．量化级数越高和采样频率越低

39．下列采集的波形声音质量最好的应为_____。

A．单声道、16 位量化、22.05 kHz 采样频率

B．双声道、8 位量化、44.1 kHz 采样频率

C．单声道、8 位量化、22.05 kHz 采样频率

D．双声道、16 位量化、44.1 kHz 采样频率

40．立体声双声道采样频率为 44.1 kHz，量化位数为 8 位，一分钟这样的音乐所需要的存储量可按_____公式计算。

A．44.1×1000×16×2×60/8 字节　　　　B．44.1×1000×8×2×60/16 字节

C．44.1×1000×8×2×60/8 字节　　　　D．44.1×1000×16×2×60/16 字节

41．两分钟双声道，16 位采样位数，22.05 kHz 采样频率声音的不压缩的数据量是_____。

A．5.29 MB　　　　B．10.09 MB　　　　C．21.16 MB　　　　D．88.2 MB

42．WMA 格式是一种常见的_____文件格式。

A．音频　　　　　　B．视频　　　　　　C．图像　　　　　　D．动画

43．以下音频文件的格式当中，存储的是指令而不是声音波形本身的是_____。

A．MIDI　　　　　　B．RealAudio　　　　C．CD　　　　　　　D．MP3

44．以下对于声音的描述，正确的是_____。

A．声音是一种与时间无关的连续波形

B．利用计算机录音时，首先要对模拟声波进行编码

C．利用计算机录音时，首先要对模拟声波进行采样

D．数字声音的存储空间大小只与采样频率和量化位数有关

45．关于常见的 MP3 文件格式，以下说法正确的是_____。

A．是一种图形文件的压缩标准　　　　　　B．采用的是无损压缩技术

C．是一种音乐文件压缩格式　　　　　　　D．是一种视频文件的压缩标准

46．MP3_____。

A．是具有最高的压缩比的图形文件的压缩标准

B．采用的是无损压缩技术

C．是目前很流行的音乐文件压缩格式

D．为具有最高的压缩比的视频文件的压缩标准

47．不能播放 MP3 文件的播放器有_____。

A．Winamp　　　　　　　　　　　　　　B．资源管理器

C．Windows Media Player　　　　　　　　D．豪杰超级音频解霸

48．在 Windows 7 中，录音机录制的声音文件的扩展名是_____。

A．MID　　　　　　B．WMA　　　　　C．AVI　　　　　D．WAV

49．_____不是计算机中使用的声音文件格式。

A．WAV　　　　　B．MP3　　　　　C．TIF　　　　　D．MID

50．在 Gold Wave 主窗口中，要提高放音音量，应用_____菜单中的命令。

A．文件　　　　　B．效果　　　　　C．编辑　　　　　D．选项

51．使计算机具有"说话"的能力，即输出话音，属于_____技术。

A．MIDI　　　　　B．语音合成　　　　C．语音识别　　　　D．虚拟现实

52．以下叙述正确的是_____。

A．ViaVoice 是 IBM 公司推出的较为成熟的中文语音合成系统

B．使计算机具有"听懂一语音的能力，这是语音合成技术

C．使用语音合成技术，计算机便具有了"讲话"的能力，用声音输出结果

D．语音合成技术主要用在用声音来代替键盘输入和编辑文字

53．以下叙述正确的是_____。

A．图形属于图像的一种，是计算机绘制的画面

B．经扫描仪输入到计算机后，可以得到由像素组成的图像

C．经摄像机输入到计算机后，可转换成由像素组成的图形

D．图像经数字压缩处理后可得到图形

54．以下叙述正确的是_____。

A．位图是用一组指令集合来描述图形内容的

B．分辨率为 640×480，即垂直有 640 个像素，水平有 480 个像素

C．表示图像的色彩位数越少，同样大小的图像所占的存储空间越小

D．色彩位图的质量仅由图像的分辨率决定的

55．以下描述错误的是＿＿＿＿＿＿。

A．位图图像由数字阵列信息组成，阵列中的各项数字用来描述构成图像的各个像素点的亮度和颜色等信息

B．矢量图中用于描述图形内容的指令可构成该图形的所有直线、园、圆弧、矩形、曲线等图元的位置，维数和形状等

C．矢量图不会因为放大而产生马赛克现象

D．位图图像放大后，不会产生马赛克现象

56．关于矢量图形的概念，以下说法中，不正确的是＿＿＿＿＿＿。

A．图形是通过算法生成的　　　　　　　B．图形放大或缩小不会变形、变模糊

C．图形基本数据单位是几何图形　　　　D．图形放大或缩小会变形、变模糊

57．Windows 中基本的位图文件的扩展名为＿＿＿＿＿＿。

A．TIFF　　　　　　　B．PCX　　　　　　　C．PSD　　　　　　　D．BMP

58．JPEG 格式是一种＿＿＿＿＿＿。

A．能以很高压缩比来保存图像而图像质量损失不多的有损压缩方式

B．不可选择压缩比例的有损压缩方式

C．不支持 24 位真彩色的有损压缩方式

D．可缩放的动态图像压缩格式

59．关于 JPEG 图像格式，以下说法正确的是＿＿＿＿＿＿。

A．是一种无损压缩格式　　　　　　　　B．具有不同的压缩级别

C．可以存储动画　　　　　　　　　　　D．支持同时保存多个原始图层

60．关于 GIF 图像格式，以下叙述正确的是＿＿＿＿＿＿。

A．用于存储矢量图　　　　　　　　　　B．能够表现 512 种颜色

C．不能存储动画　　　　　　　　　　　D．是一种无损压缩格式

61．以下有关 GIF 格式叙述不正确的是＿＿＿＿＿＿。

A．GIF 格式已经成为 Web 图像的标准格式之一

B．GIF 采用有损压缩方式

C．压缩比例小于 JPEG 格式

D．GIF 格式最多只能显示 256 种颜色

62．以下不属于真彩色图像的是＿＿＿＿＿＿。

A．256 色的图像　　　　　　　　　　　B．16 位图像

C．24 位图像　　　　　　　　　　　　　D．32 位图像

63．BMP 格式是一种常见的＿＿＿＿＿＿文件格式。

A．音频　　　　　　　B．视频　　　　　　　C．图像　　　　　　　D．动画

64．＿＿＿＿＿＿类型的图像文件具有动画功能。

A．JPG　　　　　　　B．BMP　　　　　　　C．GIF　　　　　　　D．TIF

65．在使用 Photoshop 进行图像处理时，使用"编辑"菜单中的命令，不可以进行操作。

A．剪切　　　　　　　B．填色　　　　　　　C．素描　　　　　　　D．描边

66. _____是过渡动画的正确叙述。

A．中间的过渡帧由计算机通过首尾帧的特性以及动画属性要求来计算得到

B．过渡动画必须建立动画过程的首尾两个关键帧的内容

C．过渡动画中的每一帧都必须由人工重新设计

D．当帧频率为 6fps 时，就能看到非常流畅的视频动画

67．以下有关过渡动画，叙述错误的是_____。

A．中间的过渡帧由计算机通过首尾帧的特性以及动画属性要求来计算得到

B．过渡动画不需要建立动画过程的首尾两个关键帧的内容

C．过渡动画中的每一帧都必须由人工重新设计

D．当帧频率达到足够的数量时，才能看到比较连续的视频动画

68．在 Flash 中如果要制作人物行走的动画，最好选择_____功能。

A．逐帧动画　　　　B．形状补间动画　　C．骨骼　　　　D．动画补间动画

69．以下属于多媒体集成工具的是_____。

A．Photoshop CS4　　　　　　　　B．FlashCS4

C．Ulead Audio Editor　　　　　　D．Authorware

70．以下属于多媒体应用软件特点的是_____。

A．含有虚拟内存　　　　　　　　B．具有超媒体特点

C．Ulead Audio Editor　　　　　　D．具有容量大的特点

二、填空题

1．多媒体的含义：一是指存储信息的实体，如磁盘、光盘、磁带等；二是指_____的载体，如数字、文字、声音、图形和图像等。

2．多媒体计算机获取图像的方法有：使用数码相机、_____、数码摄像机、数码摄像头、视频捕捉卡，以及直接在计算机上绘图等。

3．在计算机音频采集过程中，将采样得到的数据转换成一定的数值的过程称为_____。

4．单位时间内的采样频率称为_____，其单位是用 Hz 来表示。

5．数据压缩算法可分无损压缩和_____压缩两种。

6．_____是使多媒体计算机具有声音功能的主要接口部件。

7．_____是多媒体计算机获得影像处理功能的关键性的适配卡。

8．人类视觉系统的一般分辨能力估计为 26 个灰度等级，而一般图像量化采用的是 28 个灰度等级，这种冗余就称为_____冗余。

9．视频信息的压缩是将视频信息重新编码，常用的方法包括_____冗余编码、时间冗余编码和视觉冗余编码。

10．视频中包含了大量的图像序列，图像序列中两幅相邻的图像之间有着较大的相关，这表现为_____冗余。

11．使计算机具有"听懂"语音的能力，属于_____技术。

12．赋予计算机"讲话"的能力，用声音输出结果，属于_____技术。

13．利用计算机对语音进行处理的技术包括语音识别技术和语音_____技术，它们分

别使计算机具有"听话"和"讲话"的能力。

14. _____是利用计算机及有关外部设备使人在与计算机进行交互时，产生如同在真实环境中一样的感觉的软硬件系统的综合。

15. 波形文件的扩展名是_____。

16. MIDI 是音乐和计算机相结合的产物，它的中文意思是_____。

17. _____音频是将电子乐器演奏时的指令信息通过声卡上的控制器输入计算机或利用一些计算机处理软件编辑产生音乐指令集合。

18. 波形音频是指以声波表示的声响、语音、音乐等各种形式的声音经过声音获取采样控制设备，又经_____转换将模拟信号转变成数字信号，然后以*.WAV 文件格式存储在硬盘上。

19. 在图像中用 8 位二进制数来表示像素色彩位数时，能表示_____种不同的颜色。

20. 表示图像的色彩位数越多，则同样大小的图像所占的存储空间越_____。

21. 在屏幕上显示的图像通常有两种描述方法：一种称为点阵图像，另一种称为_____。

22. 在计算机中表示一个圆时，用圆心和半径来表示，这种表示方法称为_____。

23. 使用圆心位置和半径数值来表示一个圆形时，这种图形称为_____图。

24. 扩展名 OVL、GIF、BAT 中，代表图像文件扩展名的是_____。

25. MPEG 编码标准包括：_____、MPEG 音频、视频音频同步三大部分。

理论 6　网络通信技术

一、单选题

1. 数据信号需要通过某种通信线路来传输，这个传输信号的通路称为_____。
   A. 总线　　　　　　　B. 光纤　　　　　　　C. 信道　　　　　　　D. 频道

2. 信道按传输信号的类型来分，可分为_____。
   A. 模拟信道和数字信道　　　　　　B. 物理信道和逻辑信道
   C. 有线信道和无线信道　　　　　　D. 专用信道和公共交换信道

3. 按传输信号通路的媒体来区分，信道可分为_____。
   A. 模拟信道和数字信道　　　　　　B. 物理信道和逻辑信道
   C. 有线信道和无线信道　　　　　　D. 专用信道和公共交换信道

4. 数据通信的系统模型由_____三部分组成。
   A. 数据、通信设备和计算机
   B. 数据源、数据通信网和数据宿
   C. 发送设备、同轴电缆和接收设备
   D. 计算机、连接电缆和网络设备

5. 数据通信系统模型不包括_____。
   A. 数据源　　　　B. 数据通信网　　　　C. 数据库管理系统　　　　D. 数据宿

6. 有线传输介质中传输速度最快的是_____。
   A. 电话线　　　　　B. 网络线　　　　　C. 红外线　　　　　D. 光纤

7. 微波线路通信的主要缺点是_____。

A. 传输差错率大 　　　　　　　　　　B. 传输距离比较近

C. 传输速率比较慢 　　　　　　　　　D. 只能直线传播，受环境条件影响较大

8. 下列传输介质中不受电磁干扰的是_____。

A. 同轴电缆 　　　　B. 光缆 　　　　C. 微波 　　　　D. 双绞线

9. 家电遥控器目前采用的传输介质往往是_____。

A. 微波 　　　　B. 电磁波 　　　　C. 红外线 　　　　D. 无线电波

10. 在卫星通信系统中，覆盖整个赤道圆周至少需要_____颗地球同步卫星。

A. 1 　　　　B. 2 　　　　C. 3 　　　　D. 4

11. _____不是数据通信主要技术指标。

A. 可靠性 　　　　B. 传输速率 　　　　C. 存储周期 　　　　D. 差错率

12. 数据传输速率的基本单位是_____。

A. 帧数/秒 　　　　B. 文件数/秒 　　　　C. 二进制位数/秒 　　　　D. 米/秒

13. 数字信号传输时，传输速率 bps 是指_____。

A. 每秒传输字节数 　　　　　　　　　B. 每秒传输的位数

C. 每秒传输的字数 　　　　　　　　　D. 每分钟传输的字节数

14. 模拟信道带宽的基本单位是_____。

A. bpm 　　　　B. bps 　　　　C. Hz 　　　　D. ppm

15. 数字信道带宽的基本单位是_____。

A. bpm 　　　　B. bps 　　　　C. Hz 　　　　D. ppm

16. 以单机为中心的通信系统也称_____。

A. 面向终端的计算机网络 　　　　　　B. 智能的计算机网络

C. 多个计算机互联的网络 　　　　　　D. 计算机局域网络

17. 学校机房网络物理拓扑结构一般采用_____。

A. 总线型 　　　　B. 星型 　　　　C. 网状型 　　　　D. 环型

18. 一个学校的计算机网络系统，属于_____。

A. TAN 　　　　B. LAN 　　　　C. MAN 　　　　D. WAN

19. 以下类型的网络中，数据在网上传输速度最快的是_____。

A. Internet 　　　　B. LAN 　　　　C. MAN 　　　　D. WAN

20. 用一台交换机作为中心节点把几台计算机连接成网，则此网络的物理结构是_____。

A. 总线型连接 　　　　B. 星型连接 　　　　C. 环形连接 　　　　D. 网状连接

21. 用一台共享式集线器把几台计算机连接成网，则此网络的物理结构是_____。

A. 从物理结构看是星型连接，而从逻辑结构看是总线型连接

B. 从物理结构和逻辑结构上看都是星型连接，但实质上是总线型结构连接

C. 属于环形连接结构

D. 属于网状连接结构

22. 在星型局域网结构中，连接文件服务器与工作站的设备不可能是_____。

A. 调制解调器 　　　　B. 交换机 　　　　C. 路由器 　　　　D. 集线器

23．一台计算机突然无法进入局域网，绝对不可能的原因_____。

A．交换机坏　　　　　B．网卡坏　　　　　C．网线接触不良　　　D．服务器网卡坏

24．为进行网络中的数据交换而建立的规定、标准或约定称为_____。

A．摩尔定律　　　　　B．分辨率　　　　　C．ISO 标准　　　　　D．网络协议

25．_____协议是当前互联网上使用最广泛的协议，主要包括传输控制协议和网际协议。

A．以太网　　　　　　B．TCP/IP　　　　　C．蓝牙　　　　　　D．ISO 协议

26．TCP/IP 在互联网中的作用是_____。

A．定义一套网间互联的通信规则或标准

B．定义采用哪一种操作系统

C．定义采用哪一种电缆互联

D．定义采用哪一种程序语言

27．在 OSI 七层结构模型中，处于数据链路层与传送层之间的是_____。

A．物理层　　　　　　B．网络层　　　　　C．会话层　　　　　D．表示层

28．在 OSI 七层结构模型中，数据链路层属于_____。

A．第 7 层　　　　　　B．第 4 层　　　　　C．第 2 层　　　　　D．第 6 层

29．TCP/IP 参考模型是一个用于描述_____的网络模型。

A．互联网体系结构　　　　　　　　　　B．局域网体系结构

C．广域网体系结构　　　　　　　　　　D．城域网体系结构

30．TCP/IP 协议集采用_____层。

A．4　　　　　　　　　B．5　　　　　　　　C．6　　　　　　　　D．7

31．TCP/IP 是_____。

A．一个操作系统　　　　　　　　　　　B．一种程序设计语言

C．一套网络协议　　　　　　　　　　　D．一组网络地址名称

32．在电子邮件服务中，_____协议用于邮件客户端将邮件发送到服务器。

A．POP3　　　　　　　B．IMAP　　　　　　C．SMTP　　　　　　D．ICMP

33．FTP 协议是一个用于_____的协议。

A．文件传输　　　　　B．分配地址　　　　　C．地址转换　　　　　D．协议转换

34．IP 协议是一个用于_____的协议。

A．传输控制　　　　　B．协议转换　　　　　C．域名转换　　　　　D．网际互联

35．以下_____协议不是应用层协议。

A．Telnet　　　　　　B．IP　　　　　　　C．FTP　　　　　　　D．Smtp

36．_____是 TCP/IP 协议中的超文本传输协议。

A．TCP 协议　　　　　　　　　　　　　B．HTTP 协议

C．IP 协议　　　　　　　　　　　　　　D．ICMP 协议

37．以下关于 DNS 的正确说法是_____。

A．DNS 是浏览互联网所必需的

B．DNS 是 WWW 服务器中的一种

C．DNS 是域名服务器，用于将域名地址映射到 IP 地址

基础理论知识

D. DNS 是 FTP 服务器的一种

38. IPv4 中 IP 地址的二进制位数为_____位。

A. 32 B. 48 C. 128 D. 64

39. 下面对 IP 地址分配的描述中错误的是_____。

A. 网络 ID 不能全为 1

B. 网络 ID 不能全为 0

C. 网络 ID 不能以 127 开头

D. 同一网络上的每台主机必须有不同的网络 ID

40. 关于因特网中主机的 IP 地址，下列叙述错误的是_____。

A. IP 地址是由用户自己决定的

B. 每台主机至少有一个 IP 地址

C. 主机的 IP 地址必须是唯一的

D. 一个 IPv4 地址由 32 位二进制数构成

41. 若某台主机的 IP 地址为 192.168.0.10，则该地址是_____。

A. 标准的 IPv4 地址 B. 标准的 IPv6 地址

C. 48 位二进制数地址 D. 无效地址

42. _____不是正确的 IP 地址。

A. 205.12.87.15 B. 159.128.23.15

C. 16.2.3.8 D. 126.78.33.256

43. 以下 IP 地址中，属于 B 类地址的是_____。

A. 112.213.12.23 B. 210.123.23.12

C. 23.123.213.23 D. 156.123.32.12

44. 如果一台主机的 IP 地址为 192.168.0.10，那么这台主机的 IP 地址属于_____。

A. C 类地址 B. A 类地址 C. B 类地址 D. 无用地址

45. Internet 的雏形是_____。

A. Ethernet B. MILNET C. 剑桥环网 D. ARPANET

46. 用于定位 Internet 上各类资源所在位置的是_____。

A. Ethernet B. Telnet C. HTML D. URL

47. 在因特网域名中，com 通常表示_____。

A. 商业组织 B. 教育机构 C. 政府部门 D. 军事部门

48. 在因特网域名中，edu 通常表示_____。

A. 商业组织 B. 教育机构 C. 政府部门 D. 军事部门

49. _____不是决定局域网特性的主要技术要素。

A. 网络拓扑 B. 介质访问控制方法

C. 传输介质 D. 域名系统

50. LAN 是_____的缩写。

A. 超文本标记语言 B. 电子公告板

C. 网络电话 D. 局域网

51. 不属于局域网网络拓扑的是_____。

A．总线型　　　　　　B．星型　　　　　　C．复杂型　　　　　　D．环型

52．组建计算机网络的目的是为了相互共享资源，这里的计算机资源主要指硬件、软件与_____。

A．大型机　　　　　B．通信系统　　　　C．服务器　　　　　D．数据

53．在局域网中要实现资源共享必需安装_____组件。

A．服务器　　　　　　　　　　　　　B．无线网卡

C．IPv6 协议　　　　　　　　　　　　D．文件和打印机共享

54．计算机网络中可以共享的资源包括_____。

A．硬件、软件、数据、通信信道　　　B．主机、外设、软件、通信信道

C．硬件、程序、数据、通信信道　　　D．主机、程序、数据、通信信道

55．_____不属于网络设备。

A．交换机　　　　　B．路由器　　　　　C．网桥　　　　　　D．分配器

56．中继器的作用就是将信号_____，使其传播得更远。

A．整形放大　　　　B．压缩　　　　　　C．缩小　　　　　　D．滤波

57．_____不是决定局域网特性的主要技术要素。

A．网络拓扑　　　　　　　　　　　　B．介质访问控制方法

C．传输介质　　　　　　　　　　　　D．域名系统

58．以下不属于 CSMA/CD 功能的是_____。

A．多路访问　　　　B．载波监听　　　　C．冲突检测　　　　D．令牌传递

59．CSMA/CD 技术，只可用于_____网络的拓扑结构。

A．总线型　　　　　B．环型　　　　　　C．星型　　　　　　D．树型

60．_____是利用有线电视网进行数据传输的宽带接入技术。

A．56K Modem　　　B．ISDN　　　　　　C．ADSL　　　　　　D．Cable Modem

61．_____的传输带宽最高。

A．光纤接入　　　　B．Cable Modem　　　C．ADSL　　　　　　D．电话拨号

62．_____不属于互联网接入方式。

A．光纤接入　　　　B．Cable Modem　　　C．ADSL　　　　　　D．URL

63．下列关于 ADSL 的叙述中不正确的是_____。

A．ADSL 属于宽带接入技术

B．ADSL 上行和下行速率不同

C．ADSL 不能使用普通电话线传递

D．使用 ADSL 时既可以上网，也可以打电话

64．ADSL 的连接设备分为两端：用户端设备和服务提供端设备。其中用于分离语音和数字信号的设备包括_____和 ADSL 调制解调器。

A．电话机　　　　　B．网卡　　　　　　C．网关　　　　　　D．分离器

65．以下_____属于无线网的拓扑结构。

A．总线结构　　　　　　　　　　　　B．星型结构

C．对等网络和结构化网络　　　　　　D．总线和星型结构

66．关于无线网络设置，下列说法正确的是_____。

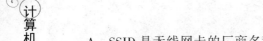

A．SSID 是无线网卡的厂商名称

B．AP 是路由器的简称

C．无线安全设置是为了保护路由器的物理安全

D．家用无线路由器往往是 AP 和宽带路由器二合一的产品

67．家里有一台台式计算机和一台带有无线网卡的便携式计算机，若要组件无线局域网，并能通过 ADSL 访问互联网，以下 _____ 是不需要的。

  A．无线网卡   B．ADSL 调制解调器

  C．无线路由器   D．同轴电缆

68．不属于互联网的服务功能有 _____ 。

  A．互联网接入   B．远程登录   C．文件传输   D．WWW 服务

69．如果使用 IE 上网浏览网站信息，所使用的是互联网的 _____ 服务。

  A．FTP   B．Telnet   C．电子邮件   D．WWW

70．将本地计算机的文件传送到远程计算机上的过程称为 _____ 。

  A．下载   B．上传   C．登录   D．浏览

71．以关键字搜索引擎服务为主界面的网站是 _____ 。

  A．百度   B．搜狐   C．雅虎   D．新浪

72．以搜索引擎服务为主界面的网站是 _____ 。

  A．百度   B．搜狐   C．雅虎   D．新浪

73．以下 _____ 属于全文搜索引擎。

  A．Google   B．搜狐   C．雅虎   D．网易

74．电子邮件地址由"用户名@"和 _____ 组成。

  A．网络服务器名   B．邮件服务器域名

  C．本地服务器名   D．邮件名

75．S123@shxq.edu.cn 中 shxq.edu.cn 表示 _____ 。

  A．用户名   B．网络名   C．主机名   D．学校名

76．以下属于文件传输的互联网服务是 _____ 。

  A．FTP   B．Telnet   C．电子邮件   D．WWW

77．BBS 是 _____ 的缩写。

  A．超文本标记语言   B．电子公告板   C．网络电话   D．文件传输协议

78．_____ 不属于网络安全技术。

  A．数据加密技术   B．防火墙技术

  C．病毒防治技术   D．虚拟现实技术

79．关于防火墙，下列说法中正确的是 _____ 。

A．防火墙主要是为了查杀内部网之中的病毒

B．防火墙可将未被授权的用户阻挡在内部网之外

C．防火墙主要是指机房出现火情时报警

D．防火墙能够杜绝各类网络安全隐患

80．在现实中，可行的网络安全技术手段不包括 _____ 。

  A．及时升级杀毒软件   B．使用数据加密技术

C．安装防火墙　　　　　　　　　　　D．使用没有任何漏洞的系统软件

二、填空题

1．计算机技术和_____相结合形成了计算机网络技术。

2．数据信号需要通过某种通信线路来传输，这个传输信号的通路称为_____。

3．按信号在传输过程中的表现形式可以把信号分为_____信号和数字信号。

4．数字信道带宽的基本单位是_____。

5．近代信息技术发展阶段的传输技术以_____为特征。

6．计算机网络通信系统是_____。

7．微波线路传输具有容量大、直接传播的特点，其缺点是易受_____的影响，长途传输时必须建立中继站。

8．从逻辑功能上分，可把计算机网络分为_____和通信子网。

9．互联起来的相互独立的计算机的集合成为_____。

10．计算机网络中实现互联的计算机本身是可以进行_____工作的。

11．计算机网络按地理范围可分为三大类：_____、城域网和广域网。

12．决定局域网特性的主要技术要素包括:网络_____结构、传输介质和介质访问控制方法。

13．在计算机网络中，使用术语_____来表示为了数据交换而建立的规定、规范、标准或约定。

14．当前使用最广泛的互联网协议是_____协议，主要包括传输控制协议和互联网协议。

15．在 OSI 七层结构模型中，最底层是_____。

16．网络中的所有站点共享一条数据通道，且首尾不相连的是_____网络。

17．若要将两台安装了网卡的计算机直接连成网络，双绞线应制作成_____的形式。

18．_____命令用于确认 TCP/IP 协议是否被正确安装和加载。

19．局域网按其工作模式来分，主要有_____模式和客户机/服务器（C/S）模式。

20．总线网和星型网一般采用_____介质访问控制方法。

21．无线局域网是利用_____实现快速接入以太网的技术。

22．ADSL 是以_____作为传输介质。

23．ISDN 是_____的英文缩写。

24．IP 地址 192.168.0.1 属于_____类地址。

25．为便于记忆互联网中的主机而采用的符号代码（例如 mit.edu），中文称为_____，它和主机的 IP 地址对应。

26．统一资源定位器 URL（Uniform Resource Locators）用来定位资源所在的_____。

27．在网址上以 http 为前导，这表示遵循_____协议。

28．FTP 是_____的缩写。

29．在互联网上 WWW 的英文全称是_____。

30．WWW（World Wide Web）简称 W3，有时也称 Web，中文译名为_____。

理论 7 　网页设计

一、单选题

1. 网页制作流程为_____。

A. 网页的结构设计

B. 资料的收集与整理

C. 网页的制作及效果测试、网页上传、更新维护

D. 以上都是

2. _____是 HTML 的特点。

A. 动态样式　　　　B. 动态定位　　　　C. 动态链接　　　　D. 静态内容

3. 在网站设计中，所有的站点结构都可以归结为_____。

A. 两级结构　　　　B. 三级结构　　　　C. 四级结构　　　　D. 多级结构

4. 以下_____不属于本地 Web 网站的组成部分。

A. 本地文件夹　　　B. 远程文件夹　　　C. 动态页文件夹　　　D. 网站地图文件夹

5. Web 的安全色所能显示的颜色种类为_____。

A. 4 种　　　　　　B. 16 种　　　　　　C. 216 种　　　　　　D. 256 种

6. 对远程服务器上的文件进行维护时，通常采用的手段是_____。

A. POP3　　　　　　B. FTP　　　　　　C. SMTP　　　　　　D. Gopher

7. Dreamweaver 的模板文件的扩展名是_____。

A. dwt　　　　　　B. htm　　　　　　C. html　　　　　　D. dot

8. 以下_____不属于 Dreamweaver CS4 的文档视图模式。

A. 设计视图　　　　B. 框架视图　　　　C. 代码视图　　　　D. 实时视图

9. 在 Dreamweaver 中，必须在_____下才可以插入"浮动"框架。

A. "代码"视图　　　B. "框架"视图　　　C. "设计"视图　　　D. "行为"视图

10. 在网页的 HTML 源代码中，_____标签是必不可少的。

A. <html>　　　　　B.
　　　　　C. <p>　　　　　D. <table>

11. _____HTML 标记是用来标识一个 HTML 文件的。

A. <p></p>　　　B. <body></body>　C. < html></html>　D. <table></table>

12. 在 Dreamweaver 设计视图中，单击_____可以选中表单虚线框。

A. <table>　　　　B. <td>　　　　　C. <img>　　　　　D. <form>

13. HTML 代码<frameset cols=#>是用来指定_____。

A. 混合分离　　　　B. 纵向分框　　　　C. 横向分框　　　　D. 任意分框

14. 要给网页添加背景图片应执行_____命令。

A. "文件—属性"　　B. "格式—属性"　　C. "编辑—对象"　　D. "修改—页面属性"

15. 可以将_____设置成网页背景。

A. 文字　　　　　　B. 色彩　　　　　　C. 图像　　　　　　D. 特效

16. 对于"网页背景"的错误叙述是_____。

A. 网页背景的作用是在页面中为主要内容提供陪衬

B．背景与主要内容搭配不当将影响到整体的美观

C．背景图像的恰当运用不会妨碍页面的表达内容

D．不能使用图案作为网页背景

17．当网页既设置了背景图像又设置了背景颜色，那么将_____。

A．以背景图像为主 　　　　　　　　　　　B．以背景色为主

C．产生一种混合效果 　　　　　　　　　　D．相互冲突，不能同时设置

18．在"页面属性"对话框中，不能设置_____。

A．网页的背景色 　　　　　　　　　　　　B．网页文本的颜色

C．网页文件的大小 　　　　　　　　　　　D．网页的边界

19．一般网页中的基本元素是指_____。

A．文本 　　　　　　B．图像 　　　　　　C．超级链接 　　　　　　D．以上都是

20．在网页设计中，CSS 一般是指_____。

A．层 　　　　　　　B．行为 　　　　　　C．样式表 　　　　　　D．时间线

21．创建自定义 CSS 样式时，样式名称的前面必须加一个_____。

A．$ 　　　　　　　　B．# 　　　　　　　C．. 　　　　　　　　D．font

22．"项目列表"功能作用的对象是_____。

A．一单个文本 　　　　B．段落 　　　　　C．字符 　　　　　　D．图片

23．在 Dreamweaver 中，修改网页中所插入的水平线颜色的方法是_____。

A．"插入—HTML—水平线"命令 　　　　　B．"修改—水平线"命令

C．快捷菜单中的"编辑标签"命令 　　　　　D．快捷菜单中的"属性"命令

24．为网页插入以下_____可添加可控制的音乐播放器。

A．参数 　　　　　　　B．插件 　　　　　C．APPLET 　　　　　D．导航条

25．要在网页中插入 Flash 动画，应执行_____命令。

A．"插入—媒体" 　B．"插入—高级" 　C．"插入—对象" 　D．"插入—图片"

26．在网页中最常用的两种图像格式是_____。

A．JPEG 和 GIF 　B．JPEG 和 PSD 　C．GIF 和 BMP 　D．BMP 和 PSD

27．制作网页时，一般不选用的图像文件格式是_____。

A．JPG 格式 　　　　B．GIF 格式 　　　C．BMP 格式 　　　　D．PNG 格式

28．鼠标经过图像包括以下_____对象。

A．主图像和原始图像 　　　　　　　　　　B．主图像、次图像和原始图像

C．次图像和鼠标经过图像 　　　　　　　　D．主图像和次图像

29．Dreamweaver 的常用面板中的"图像"按钮，在_____区域中。

A．插入面板 　　　　B．属性面板 　　　C．面板组 　　　　　D．菜单栏

30．超级链接是一种_____对应关系。

A．一对一 　　　　　B．一对多 　　　　C．多对一 　　　　　D．多对多

31．实现对某一图片设置超级链接以实现页面跳转的第一个操作步骤是_____。

A．在编辑的网页中，选定需要设置链接的图片

B．在"插入"菜单下选择超链接命令

C．填（或选）被链接的网页文件

D．确定完成插入链接

32．在"页面属性"对话框中不可以设置文本链接的以下_____状态的颜色。

A．链接颜色　　　　　B．已访问链接　　　C．活动链接　　　　D．目标链接

33．通过与锚点建立连接可以实现_____。

A．网页与其他文件格式的链接　　　　　B．网页内部的链接

C．网页与其他网站的链接　　　　　　　D．网页与图片热点的链接

34．在 Dreamweaver 中，超级链接主要是指文本链接、图像链接和_____。

A．锚链接　　　　　　B．一点链接　　　　C．卯链接　　　　　D．瑁链接

35．在网页设计中，_____的说法是错误的。

A．可以给文字定义超级链接

B．可以给图像定义超级链接

C．只能使用默认的超级链接颜色，不可更改

D．链接、已访问过的链接、当前访问的链接可设为不同的颜色

36．对"超级链接"错误的解释是_____。

A．可以在同一个文件内建立链接

B．通过 E-mail 链接可以直接打开别人的邮箱

C．外部链接是指向 WWW 服务器上的某个文件

D．可以制作图像热点链接

37．超链接的目标显示在一个新的网页窗口需要将超链接目标属性设置为_____。

A．_parent　　　　　B．_blank　　　　　C．_top　　　　　　D．_self

38．以下_____不属于 Dreamweaver CS4 提供的热点创建工具。

A．矩形热点工具　　　　　　　　　　B．圆形热点工具

C．多边形热点工具　　　　　　　　　D．指针热点工具

39．在 HTML 中，_____不是链接的目标属性。

A．self　　　　　　　B．new　　　　　　C．blank.　　　　　D．top

40、通过以下_____方法不可在网页中插入表格。

A．在"插入"→"表格"命令

B．在"插入"面板的"布局"选项卡单击"表格"按钮

C．在"插入"面板的"常用"选项卡单击"表格"按钮

D．按下【CtrI+Alt+T】快捷键

41．在表格"属性"面板中，可以_____。

A．消除列的宽度　　　　　　　　　　B．将列的宽度由像素转换为百分比

C．设置单元格的背景色　　　　　　　D．将行的宽度由像素转换为百分比

42．表格的宽度可以用_____单位来设置。

A．像素和厘米　　　　　　　　　　　B．像素和百分比

C．厘米和英寸　　　　　　　　　　　D．英寸和百分比

43．在表格属性面板中，能够设置表格的_____。

A．边框宽度　　　　　　　　　　　　B．文本的颜色

C．背景图像　　　　　　　　　　　　D．背景颜色

44．一个单元格可以被_____。

A. 合并　　　　　　　B. 拆分　　　　　　C. 作为运算对象　　　D. 导出

45. 在 Dreamweaver 中，最常用的表单处理脚本语言是＿＿＿＿＿＿＿＿。

A. C 语言　　　　　B. Java　　　　　　C. ASP　　　　　　　D. JavaSeript

46. 在表单中允许用户从一组选项中选择多个选项的表单对象是＿＿＿＿＿＿＿＿。

A. 单选按钮　　　　　　　　　　　　B. 列表／菜单

C. 复选框　　　　　　　　　　　　　D. 单选按钮组

47. 在表单中能够设置口令域的是＿＿＿＿＿＿＿＿。

A. 只有单行文本域　　　　　　　　　B. 只有多行文本域

C. 单行、多行文本域　　　　　　　　D. 多行文本标识

48. 在 Dreamweaver CS4 表单中，关于文本域说法错误的是＿＿＿＿＿＿＿＿。

A. 密码文本域输入值后显示为"＊"

B. 多行文本域不能进行最大字符数设置

C. 密码文本和单行文本域一样，都可以进行最大字符数的设置

D. 多行文本域的行数设定以后，输入内容将不能超过设定的行数

49. 在 Dreamweaver CS4 表单中，对于用户输入的照片，应使用的表单元素是＿＿＿＿＿＿＿＿。

A. 单选按钮　　　　　　　　　　　　B. 多行文本域

C. 图象域　　　　　　　　　　　　　D. 文件域

50. 按下＿＿＿＿＿＿＿＿快捷键，即可打开默认主浏览器，浏览网页。

A.【F4】　　　　　B.【F12】　　　　　C.【Ctrl+V】　　　　D.【Alt+ F12】

二、填空题

1. 超文本标记的简称是＿＿＿＿＿＿＿＿，它并不是一种编程语言，而只是一些能让浏览者看懂的标记。

2. 文本和＿＿＿＿＿＿＿＿是构成网页最基本的元素。

3. "站点定义"中，可以根据需要分别设置本地、＿＿＿＿＿＿＿＿文件夹。

4. 设置网页的页边距是在＿＿＿＿＿＿＿＿对话框中设置。

5. 表格的宽度可以用百分比和＿＿＿＿＿＿＿＿两种单位来设置。

6. 建立电子邮件的超链接时，在"属性"面板的文本框中输入＿＿＿＿＿＿＿＿电子邮件地址。

7. 在 Dreamweaver 中对多个网站进行管理，要通过"＿＿＿＿＿＿＿＿"面板进行。

8. 样式表 CSS 包括＿＿＿＿＿＿＿＿、ID、标签和复合四种。

9. CSS 中设置文字链接的样式主要是设置连接的四种状态，分别为链接颜色、变换图像链接、＿＿＿＿＿＿＿＿和活动链接。

10. 表格的标签是 Table，单元格的标签是＿＿＿＿＿＿＿＿。

11. 在 Dreamweaver 表格的＿＿＿＿＿＿＿＿中，可以插入另一个表格，这称为表格的嵌套。

12. 在 Dreamweaver 中，有多种不同的垂直对齐图像的方式，要使图像的底部与文本的基线对齐要用＿＿＿＿＿＿＿＿对齐方式。

13. 在 HTML 文档中插入图像其实只是写入一个图像连接的＿＿＿＿＿＿＿＿。

14. 利用 Dreamweaver 插入图像，可以在替代文本框中输入注释的文字，当浏览器不支持图像时，＿＿＿＿＿＿＿＿替换图像。

15. 框架集是＿＿＿＿＿＿＿＿文件。

综合实践技能

实践 1　Windows 综合练习

1．在 C:\KS 文件夹下创建两个文件夹：TESTA、TESTB；在 C:\KS\TESTA 文件夹中建立名为 DATA 的文件夹，复制 notepad.exe 文件到 DATA 文件夹中。

2．在 C:\KS 文件夹下创建一个文本文件，文件名为 data.txt，内容为"物联网就是物物相连的互联网"，修改其属性为隐藏。

3．在 C:\KS 文件夹中建立一个名为 USER 的快捷方式，该快捷方式指向"C:\用户"文件夹，并设置运行方式为最小化。

4．在 C:\KS 文件夹下创建名为 Command 的快捷方式，双击该快捷方式可打开 cmd.exe，其运行方式为最大化，并指定快捷键为【Ctrl+Alt+Shift+C】。

5．在 C:\KS 文件夹中建立名为"MYPAN"的快捷方式，指向 Windows 7 的系统文件夹中的应用程序 mspaint.exe，并指定快捷键为【Ctrl+Shift+M】，并指定其运行方式为最大化。

6．以新文件名 jsq.exe 复制 calc.exe 文件到 KS 文件夹，并设置 jsq.exe 为只读属性。

7．新建文本文件（C:\KS\note.txt），其内容为：Windows 7 的应用程序"记事本"帮助信息中关于"如何打印记事本文档"的文字信息。

8．将 Windows 7 的"帮助与支持"中关于"创建还原点"的帮助信息内容保存到 C:\KS\help.txt 中。

9．安装 Epson Laser LP–1300 打印机，将打印测试页输出到 C:\KS\print.PRN 文件。

10．将"C:\素材"文件夹中的 news.gif 和 sent.gif 两个文件压缩到 C:\KS\htm.rar 中。

11．在 C:\KS 文件夹下创建两个文件夹：FLA、FLB，在 FLA 文件夹下创建 FLC 子文件夹。在 C:\KS 文件夹下创建一个文本文件，文件名为 FLD.txt，内容为"凝聚中国力量，实现中国梦"。

12．在 C:\KS 文件夹下创建两个文件夹：MUA、MUB，在 C:\KS 文件夹下创建一个文本文件 BZ.TXT，其内容为：开始菜单项"帮助和支持"中关于"安装扫描仪"的帮助信息。

13．在 C:\KS 文件夹下建立一个名为 CONT 的快捷方式，该快捷方式指向 Windows 系统文件夹中的应用程序 mmc.exe，并设置运行方式为最大化。

14．在 C:\KS 文件夹下创建一个名为 SUCAI 的快捷方式，该快捷方式指向"C:\素材"文件夹，并指定快捷键为【Ctrl+Shift+Alt+S】。

15．查找系统文件夹 C:\Windows 下名为 win.ini 的配置设置文件，以新文件名 win.txt 复制该文件到 C:\KS 文件夹中，并设置其属性为只读。

16. 以新文件名 NewShu.jpg 复制 C:\素材\tree.jpg 文件到 C:\KS 文件夹下，并设置 C:\KS 文件夹下的 NewShu.jpg 文件为只读属性。

17. 将 C:\素材\Wang.txt 文件以新文件名 Where.txt 复制到 C:\KS 文件夹下，并把该文件中所有的字母"e"改成数字"2"。

18. 在系统中安装一台型号为 HP 910 的打印机，并打印测试页到文件 C:\KS\TEST.PRN 中。

实践 2　Word 综合练习

1. 启动 Word 2010，打开素材文件夹中的 Word1.docx 文件，参照样张，按以下要求操作，将结果以原文件名保存在 C:\KS 文件夹中。

（1）将标题"移动互联网介绍"设置为艺术字，样式选用"填充–红色，强调文字颜色 2，粗糙棱台"，位置选择"顶端居中，上下型环绕"。

（2）将"夏至"主题套用到文档；在页脚居中设置阿拉伯数字的页码。

（3）将"移动互联网"图片顺时针旋转 15°；图片的环绕方式设置为"四周型环绕"。

（4）设置正文各段落格式为首行缩进 2 字符，段前段后间距为 3 磅；将正文第四段分成等宽二栏，并加栏间分隔线。

（5）将文档中表格的列宽设置为 4 cm，行高 0.75 cm，表中内容水平垂直居中，表标题和整个表页面居中。

（6）对文末文字 Mobile Internet 所在的文本框应用"红色，强调文字颜色 3，淡色 80%"的填充颜色，位置选择"底端居中，四周型环绕"格式。

2. 启动 Word 2010，打开素材文件夹中的 Word2.docx 文件，参照样张，按以下要求操作，将结果以原文件名保存在 C:\KS 文件夹中。

（1）将文档页面的纸张方向改为横向；添加页面边框，格式为阴影、3 磅。

（2）将"移动互联网"图片替换为 phone.jpg，并设置图片的大小为：高为 4.5，宽为 6.5，位置为"中间居右，四周型文字环绕"。

（3）将标题"移动互联网介绍"设置为艺术字，样式选用"填充–蓝色，强调文字颜色 1，金属棱台，映像"，位置选择"顶端居中，四周型环绕"。

（4）设置正文各段落为首行缩进 2 字符，行距为固定值 18 磅，段前段后间距为 0 行。

（5）对第四个段落设置格式为：首字下沉：2 行，字体为"华文行楷"，距正文 0.25 cm；删除文末的文本框。

（6）根据内容自动调整表格列宽，样式设置为"中等深浅底纹 2 – 强调文字颜色 3"，标题和整个表格页面居中。

3. 启动 Word 2010，打开素材文件夹中的 Word3.docx 文件，参照样张，按以下要求操作，将结果以原文件名保存在 C:\KS 文件夹中。

（1）将标题"移动互联网介绍"设置为艺术字，样式为第 3 行第 2 列的效果；将艺术字的自动换行设置为"嵌入型"。

（2）将"移动互联网"图片高度设置为 8 cm，宽度为 10.5 cm；修改图片的文字环绕位置布局选项，使其为"衬于文字下方"，并使其颜色调整为"重新着色"中的"茶色，背景颜色 2 浅色"。

（3）设置正文各段落首行缩进 2 字符，行距为 1.2 倍，段前段后间距为 0.5 行；将第四段的首字下沉 2 行。

（4）将正文中的所有"移动互联网"文字格式设置成：加粗、红色。

（5）在表格下面增加一行，在该行第 1 单元格中输入：总计，第 2 单元格利用公式计算合计金额，然后设置表格的样式为"浅色网格–强调文字颜色 2"。

（6）对文末包含文字 Mobile Internet 的文本框应用"强烈效果–橙色，强调颜色 6"的形状样式，自动换行设置为"嵌入型"，并居中。

4. 启动 Word 2010，打开素材文件夹中的 Word4.docx 文件，参照样张，按以下要求操作，将结果以原文件名保存在 C:\KS 文件夹中。

（1）将标题"移动互联网介绍"的字体设置为"华文琥珀"，字号为"初号"，文本效果为"填充–橄榄色，强调文字颜色 3，轮廓–文本 2"。

（2）将正文中的所有"移动互联网"文字设置成："红色，强调文字颜色 2，淡色 40%"，并加粗。

（3）设置正文首行缩进 2 个字符，段前、段后间距为 0.5 行，行距为最小值 12 磅。将第四段落的第一个文字设置首字下沉 2 行。

（4）设置"移动互联网"图片的样式为"金属框架"；将图片的位置设置为"中间居右，四周型文字环绕"。

（5）将表格第 1 列列宽设置为 3.5 cm，第 2 列列宽设置为 4.5 cm，样式设置为"中等深浅底纹 1 – 强调文字颜色 2"，标题和整个表格页面居中。

（6）对文末包含文字 Mobile Internet 的文本框应用"浅色 1 轮廓，彩色填充–水绿色，强调颜色 5"的形状样式，形状效果使用"紧密映像，接触"。

5. 启动 Word 2010，打开素材文件夹中的 Word5.docx 文件，参照样张，按以下要求操作，将结果以原文件名保存在 C:\KS 文件夹中。

（1）设置正文中各段落首行缩进 2 个字符，段前、段后间距为 0.5 行，行距为最小值 18 磅；

（2）设置"移动互联网"图片的样式为"圆形对角，白色"，位置为"中间居左，四周型环绕"。

（3）将文档标题"移动互联网介绍"修改为艺术字"填充：无，轮廓–强调文字颜色 2"的效果，位置为"顶端居中，四周型环绕"。

（4）将表格根据内容自动调整列宽，样式改为"彩色列表– 强调文字颜色 4"，标题和整个表页面居中。

（5）对页末包含 Mobile Internet 文字的文本框位置设置为："中间居左，四周型环绕"；并将其旋转 30°。

（6）将页面颜色改为"茶色，背景 2"；在页眉添加页码，样式为"圆形"。

实践 3 Excel 综合练习

1. 启动 Excel 2010，打开"素材"文件夹中的 Excel1.xlsx 文件，参照样张按以下要求操作，将结果以原文件名另存在 C:\KS 文件夹中。

（1）设置表格标题为：字体为微软雅黑、16 磅，在 A1:H1 单原格区域中跨列居中，相应单元格设置为"深蓝，文字 2，淡色 80%"底纹颜色。

（2）用公式计算每月的平均销售量（保留 1 位小数）和全年各类办公耗材的总销售量；用条件格式将平均销售量在 1 950 及以上者以蓝色、加粗显示。

（3）对表格以"平均销售量"为关键字进行"降序"排列（总销售量不参与排序）。

（4）设置表格格式：整张表格（除标题外）采用自动套用格式中的"表样式中等深浅 7"，各列自动调整列宽，单元格数据居中显示。

（5）如样张所示在 B17:F30 单元格区域建立"三维饼图"图表，更改标题文字，无图例，只显示百分比和类别名称的数据标签。

（6）将工作表 Sheet1 的名称修改为"销售表"，复制该工作表，并改名为"XXX"（注：此处 XXX 为考生姓名）。

2. 启动 Excel 2010，打开"素材"文件夹中的 Excel2.xlsx 文件，参照样张按以下要求操作，将结果以原文件名另存在 C:\KS 文件夹中。

（1）设置表格标题为：在 A1:I1 单元格区域中合并居中，单元格样式为"强调文字颜色4"，字体为"黑体、18 磅、加粗、白色"。

（2）将"职务"列和"工龄"列互换位置（即将"工龄"列移至"职务"列之前），并在"张轶俊"行的下方插入新的一行，并输入内容（XXX，女，10，销售员，3000,500,1800）（注：此处 XXX 为考生姓名）。

（3）用公式计算：应发工资（=基本工资+奖金+销售提成×系数）。用公式按实发工资统计收入状况：应发工资>=7200 为"高"；7200>实发工资>=6000 为"中"，否则为"低"。（计算必须用公式，否则不计分）。

（4）设置表格格式：设置第三行行高为 30，其余各行行高为 20，各列为最适合列宽；表格各单元格水平和垂直都居中。

（5）移动"道理芳"的批注到"沈添怿"；按样张所示设置表格的边框线（均为细线）和金额数据均采用人民币符号，保留两位小数。

（6）在 E18 开始单元格中生成数据透视表，按职务和性别统计平均应发工资数值显示均保留 2 位小数。

3. 启动 Excel 2010，打开"素材"文件夹中的 Excel3.xlsx 文件，参照样张按以下要求操作，将结果以原文件名另存在 C:\KS 文件夹中。

（1）设置表格标题格式为：字体为楷体、22 磅、加粗、深蓝色；行高为 30 磅，在 A1:H1 单元格区域水平跨列居中。

（2）用公式将姓名和测试成绩的值合并填入"结果"栏。用公式统计等级：测试成绩 90

分及以上为"优秀"，75 分及以上但不足 90 分为"良好"，不足 75 分为"一般"。（计算必须用公式，否则不计分）

（3）利用条件格式，使得测试成绩低于 60 分的成绩，用红色显示，其余用蓝色显示。

（4）在 J2 开始的单元格中生成数据透视表，按"所属单位""性别"统计测试成绩的平均值，结果数据居中并保留小数 1 位，设置透视表最合适的列宽。

（5）设置表格最合适的列宽，并自动套用格式为：表样式中等深浅 2，删除 C22 单元格的批注，将工作表标签改名为"XXX"（注：此处 XXX 为考生姓名）。

（6）如样张所示在 J11:M25 单元格区域建立"柱形图"图表，并更改标题文字，取消图例；图表样式选用"样式 11"，图表形状样式选用"细微效果–蓝色，强调颜色 1"。

4. 启动 Excel 2010，打开"素材"文件夹中的 Excel4.xlsx 文件，参照样张按以下要求操作，将结果以原文件名另存在 C:\KS 文件夹中。

（1）在第一行下面插入一行，行高为 20，在 G2 单元格中输入"制表人：XXX"（注：此处 XXX 为考生姓名），单元格内容右对齐，恢复隐藏行。

（2）设置标题文字：华文隶书、20 磅、红色，将标题在 A1:G1 单元格区域中水平跨列居中，垂直居中，将 A1 和 G1 两个单元格设置"细、水平、条纹"图案底纹。

（3）用公式统计心率情况，统计规则如下：心率大于 100 为"过快"，小于 60 则"过缓"，其他情况位"正常"。（计算必须用公式，否则不计分）

（4）用条件格式设置心率情况，"过快"或"过缓"为红色、加粗；将 G4:G21 单元格区域命名为"心率情况"。

（5）根据样张按性别进行分类汇总，统计出男生、女生的平均心率，汇总结果保留二位小数。

（6）按样张设置表格的边框和对齐方式，相关单元格利用【Alt+Enter】键实现换行。

5. 启动 Excel 2010，打开"素材"文件夹中的 Excel5.xlsx 文件，参照样张按以下要求操作，将结果以原文件名另存在 C:\KS 文件夹中。

（1）设置表格标题格式为：隶书、20 磅、粗体、白色，在 A1:J1 单元格区域合并后居中，并设置单元格为"75% 灰色"图案样式。

（2）用公式计算总分和获奖情况，获奖的规则如下：总分不少于 450 分并且"品行"分不少于 90 为"获奖"，其余均为"未获奖"。（计算必须用公式，否则不计分）

（3）用条件格式设置各门课程：60 分以下的为红色加粗、90 分及以上的为绿色加粗；为 B26 单元格添加批注"一等奖学金"。

（4）设置表格格式：第二行行高为 20，C 列至 H 列列宽为 10，按样张设置表格的边框线，表格数据水平、垂直均居中显示。

（5）在 A29:J42 单元格区域中生成柱形图图表，按样张调整刻度和图例的位置，图表中的文字大小均设置为 10 磅，图表区加圆角带向下偏移的阴影边框。

（6）将工作表 Sheet1 的名称修改为"XXX"（注：此处 XXX 为考生姓名），并将工作表标签的颜色更改为"深蓝"，删除 Sheet3 工作表。

实践 4　PowerPoint 综合练习

1. **启动 PowerPoint 2010，打开 C:\素材\Power1.pptx 文件，按下列要求操作，将结果以原文件名存入 C:\KS 文件夹。**

（1）将所有幻灯片的主题设置为"暗香扑面"（提示：该主题有浅灰色扇形背景）；在每一张幻灯片下方插入日期和页脚，其中日期格式为"年/月/日"，要求能自动更新；页脚内容为"物联网"，在标题幻灯片中不显示。

（2）在幻灯片 1 上，对文本"解读物联网"加粗显示，再应用"自左侧、擦除"动画，与"上一个动画同时"出现，持续时间 1.5 s。

（3）将所有幻灯片的切换方式设置为："华丽型"中的"框"，"效果选项"为"自左侧"，持续时间为 1.5 s。

2. **启动 PowerPoint 2010，打开 C:\素材\Power2.pptx 文件，按下列要求操作，将结果以原文件名存入 C:\KS 文件夹。**

（1）将所有幻灯片的主题更改为"龙腾四海"（提示：该主题为蓝色背景）；并修改主题颜色为"华丽"，在每一张幻灯片下方插入编号，页脚内容为"物联网"。

（2）修改幻灯片 2 的版式为"标题和竖排文字"，并在左侧位置插入"wlw.png"图片文件；并对图片设置超链接，链接到幻灯片 6 上。

（3）在幻灯片 8 上，对其中的图片应用"进入"类型中的"弹跳"动画效果；在幻灯片右下角插入"自定义"动作按钮，并在该按钮上添加文字"返回"，使该按钮超链接到第一张幻灯片。

3. **启动 PowerPoint 2010，打开 C:\素材\Power3.pptx 文件，按下列要求操作，将结果以原文件名存入 C:\KS 文件夹。**

（1）将幻灯片 1 与幻灯片 8 的主题更改为"华丽"（提示：该主题右侧为紫色背景），在幻灯片 8 左下侧添加"帮助"动作按钮，并链接到第一张幻灯片。

（2）设置第 3 张幻灯片中的图片在上一动画之后延迟 2 s，以"轮子"进入的动画效果，标题文字"物联网的概念"超级链接到 http://baike.baidu.com/view/1136308.htm。

（3）移动第 5 张幻灯片，使其成为幻灯片 4，将该幻灯片的背景改为"信纸"的纹理填充，并删除幻灯片 7。

4. **启动 PowerPoint 2010，打开 C:\素材\Power4.pptx 文件，按下列要求操作，将结果以原文件名存入 C:\KS 文件夹。**

（1）所有幻灯片使用"跋涉"主题（提示：该主题为黄色背景），并修改主题颜色为"质朴"，主题字体为"行云流水"。

（2）设置幻灯片 4 中的标题文字"物联网的特征"动画格式为：在鼠标单击时产生"放大/缩小"强调动画效果，方向为"垂直"，在幻灯片 2 右侧插入剪贴画"computer"（搜索列表第一个）。

（3）使所有幻灯片都显示编号和自动更新的日期，并设置所有幻灯片的切换方式为"分割"，持续时间为 1 s，自动换片时间为 2 s。

5. 启动 PowerPoint 2010，打开 C:\素材\Power5.pptx 文件，按下列要求操作，将结果以原文件名存入 C:\KS 文件夹。

（1）所有幻灯片都使用"平衡"主题，为幻灯片 1 中的图片添加"形状"动画效果，方向为"缩小"，形状为"菱形"。

（2）为幻灯片 5 中的正文设置自顶部飞入动画效果，而图片在上一动画之后延迟 1 s，以"缩放"进入的动画效果。

（3）将幻灯片 3～8 的切换方式设置"华丽型"中的"棋盘"切换效果，并设置每隔 1 s 自动换页。在每张幻灯片的下侧中间插入页脚，内容为"计算机等级考试"。

实践 5　Photoshop 综合练习

1. 在 Photoshop 软件中参照样张（"样张"文字除外），完成以下操作，将结果以 photoA.jpg 为文件名保存在 C:\KS 文件夹中。

（1）打开 C:\素材\pic1.jpg、pic2.jpg。
（2）将 pic1 图像中的海豚合成到 pic2 图像中并适当调整大小。
（3）制作如样张所示的海豚的倒影。
（4）为船只的倒影添加水波的滤镜，样式为"从水池波纹，数量 5，起伏 15"，并适当调整不透明度。
（5）利用文字蒙版输入文字：碧海蓝天（华文琥珀，72 点），并制作文字的投影效果。

2. 在 Photoshop 软件中参照样张（"样张"文字除外），完成以下操作，将结果以 photoB.jpg 为文件名保存在 C:\KS 文件夹中。

（1）打开 C:\素材\pic3.jpg、pic4.jpg。
（2）将 pic3.jpg 中的蜻蜓复制到 pic4.jpg 中的合适位置，并根据样张大小适当地调整。
（3）在花的右上角添加镜头光晕的滤镜效果，镜头类型为"50～300 mm 变焦"，亮度为107%，参考样张。
（4）输入文字"小荷才露尖尖角"，字体为"隶书""36 点"，设置文字为"透明彩虹"渐变叠加的图层样式填充效果。
（5）设置文字外发光效果，扩展 20%，大小为 10 像素。

3. 在 Photoshop 软件中参照样张（"样张"文字除外），完成以下操作，将结果以 photoC.jpg 为文件名保存在 C:\KS 文件夹中。

（1）打开 C:\素材\pic5.jpg、pic6.jpg、pic7.jpg。
（2）将 pic5 合成到 pic6 中，并调整大小及方向，如样张所示。
（3）为花添加阴影线的滤镜，描边长度设置为 15，锐化程度设置为 10，强度设置为 1。

（4）将 pic7 图像中的水滴合成到 pic6 图像中并适当调整大小，如样张所示。

（5）利用文字工具输入文字：春暖花香（华文琥珀，60 点，R:41 G:99 B:245），添加"外发光"图层样式："实色混合"模式，大小为 2。

4. 在 Photoshop 软件中参照样张（"样张"文字除外），完成以下操作，将结果以 photoD.jpg 为文件名保存在 C:\KS 文件夹中。

（1）打开 C:\素材\pic8.jpg、pic9.jpg。

（2）按样张将 pic8.jpg 中的杯子合成到 pic9.jpg 中。

（3）给茶杯所在的图层添加距离为 8 像素的投影图层样式，制作 3 个茶杯。

（4）书写"人生如茶"，文字的 RGB 颜色分别设置为 245、148、34，字体为华文新魏，字号为 90 点，并创建扇形样式的变形文字。

（5）制作如样张所示的镜头光晕的滤镜效果。

5. 在 Photoshop 软件中参照样张（"样张"文字除外），完成以下操作，将结果以 photoE.jpg 为文件名保存在 C:\KS 文件夹中。

（1）打开 C:\素材\pic10.png、pic11.jpg。

（2）将 pic10.png 中的气球复制到 pic11.jpg 中，并根据样张进行适当的调整。

（3）制作气球在海水中倒影，参考样张效果。

（4）输入文字"自由飞翔"，字体为"隶书"，字号为"30 点"，设置文字"色谱"渐变叠加的图层样式效果。

（5）设置文字投影效果，距离 8 像素，大小 5 像素。

将结果以 photo.jpg 为文件名保存在 C:\KS 文件夹中。结果保存时请注意文件位置、文件名及 JPEG 格式。

实践 6 Flash 综合练习

1. 打开 C:\素材文件夹中的 scA.fla 文件，参照样张制作动画（除"样张"字符外，样张见文件 C:\样张\yangliA.swf），制作结果以 donghuaA.swf 为文件名导出影片并保存在 C:\KS 文件夹中。注意：添加并选择合适的图层，动画总长为 60 帧。

操作提示：

（1）设置影片大小为 500 px×400 px，帧频为 10 帧/秒，背景色为"#CCCC00"。将"光线"元件放置到舞台，适当调整位置与方向，创建"光线"元件从第 1~35 帧从左到右运动，第 36~60 帧逐渐消失的动画效果。

（2）新建图层，利用"文字 1"元件，在第 5 帧、第 15 帧、第 25 帧、第 35 帧处设置关键帧，创建文字从第 5~35 帧逐字出现的动画效果。

（3）创建第 36~55 帧把"文字 1"元件变为"文字 2"元件的动画效果，且"文字 2"变为红色，并静止显示至第 60 帧。

（4）新建图层，利用"蝴蝶"元件，从第 35~60 帧，创建蝴蝶朝着光线飞的动画效果。

综合实践技能

2. 打开 C:\素材文件夹中的 scB.fla 文件，参照样张制作动画（除"样张"字符外，样张见文件 C:\样张\yangliB.swf），制作结果以 donghuaB.swf 为文件名导出影片并保存在 C:\KS 文件夹中。注意：添加并选择合适的图层，动画总长为 60 帧。

操作提示：

（1）设置影片大小为 400 px × 300 px，帧频为 12 帧/秒。将"背景"元件放置到舞台中央，从第 1～40 帧，创建背景从小到大、从无到有的动画效果，并静止显示至第 60 帧。

（2）新建图层，创建"路径"元件从第 1～40 帧静止，第 41～50 帧变为"文字 1"元件，并静止显示至第 60 帧的动画效果。

（3）新建图层，创建"小鸟"元件从第 1～40 帧沿着"路径"飞舞，并静止显示至第 60 帧的动画效果。

（4）新建图层，将库中"幕布"元件放入，淡化（Alpha 为 40%），创建从第 45 帧到第 60 帧从左到右拉上幕布的效果。

3. 打开 C:\素材文件夹中的 scC.fla 文件，参照样张制作动画（除"样张"字符外，样张见文件 C:\样张\yangliC.swf），制作结果以 donghuaC.swf 为文件名导出影片并保存在 C:\KS 文件夹中。注意：添加并选择合适的图层，动画总长为 60 帧。

操作提示：

（1）设置影片大小为 550 px × 360 px，帧频为 12 帧/秒。将库中"背景"图片放置到舞台中央，作为整个动画的背景，并静止显示至第 60 帧。

（2）新建图层，利用库中"文字"元件，使文字第 1～20 帧静止显示，从第 20～40 帧由黄色变为红色，并静止显示至第 60 帧。

（3）新建图层，利用库中"红星"元件，从第 1～40 帧逐渐从左上角下落，再移动到中央位置淡入变大，并静止显示至第 60 帧的动画效果。

（4）新建图层，将库中的"光芒"元件放置到舞台并调整大小和位置，创建从第 45～60 帧顺时针旋转 1 圈的动画效果。

4. 打开 C:\素材文件夹中的 scD.fla 文件，参照样张制作动画（除"样张"字符外，样张见文件 C:\样张\yangliD.swf），制作结果以 donghuaD.swf 为文件名导出影片并保存在 C:\KS 文件夹中。注意：添加并选择合适的图层，动画总长为 60 帧。

操作提示：

（1）设置影片大小为 650 px × 450 px，帧频为 12 帧/秒。将"背景"元件放置到舞台中央，创建从第 1～40 帧背景从无到有的动画效果，并静止显示至第 60 帧。

（2）新建图层，将"蝴蝶动画"影片剪辑放置到舞台，调整大小和方向，创建第 1 帧到第 20 帧蝴蝶从右上角飞到花上，然后调整方向，从第 25～40 帧飞到另一朵花上的动画效果，并显示至 60 帧。

（3）新建图层，创建文字"春暖花开"，字体为华文楷体，字号为 36，使文字从第 1～40 帧文字从绿色变为红色且变大，并静止显示至第 60 帧。

（4）新建图层，将库中"幕布"元件放入，淡化（Alpha 为 40%），创建从第 45～60 帧从左到右拉上幕布的动画效果。

5. 打开 C:\素材文件夹中的 scE.fla 文件，参照样张制作动画（除"样张"字符外，样张见文件 C:\样张\yangliE.swf），制作结果以 donghuaE.swf 为文件名导出影片并保存在 C:\KS 文件夹中。注意：添加并选择合适的图层，动画总长为 60 帧。

操作提示：

（1）在图层 1 中，利用"元件 1"从第 1～20 帧创建背景从绿变为彩条色的动画效果，并静止显示至 60 帧。

（2）新建图层，在第 10～25 帧，制作"地球"元件居中、从小变大且淡入的效果，并静止显示至 60 帧。

（3）新建图层，在第 15 帧、第 20 帧、第 25 帧、30 帧，使用"爱护环境"元件和"人人有责"元件，制作"爱护""环境""人人""有责"依次出现的动画效果，注意最后"爱护、环境、人人、有责"同时静止显示至 35 帧。

（4）创建从第 36～50 帧"爱护地球"元件和"人人有责"元件合成后逆时针旋转一周，并静止显示至 60 帧。

实践 7 网页设计综合练习

1. 利用 C:\KS\wyA 文件夹中的素材（图片素材在 wyA\images 中，动画素材在 wyA\flash 中），按以下要求制作或编辑网页，结果保存在原文件夹中。

（1）打开主页 index.html，设置网页标题为"工商-XXX"（注：XXX 是考生的真实姓名）；设置表格居中对齐，宽度为 600 像素，设置表格第 1 行的高度为 100 像素，背景色为"#A0F3EB"。

（2）在表格的第 2 行第 1 列中插入图像"c.jpg"；图像大小为 150×200 像素，设置图像超链接到"http://www.chawh.net"，在新窗口中打开。

（3）在表格的第 2 行第 2 列中插入表单，在表单中插入"列表/菜单"，标签为"你爱喝的茶："，设置三个选项为"金骏眉""铁观音""碧螺春"，默认值为"碧螺春"。

（4）在表格第 2 行第 2 列的表单中插入文本域，标签为"昵称："，字符宽度为 20，最多字符数为 20，插入提交按钮一个。

（5）合并第 3 行第 1、2、3 单元格，依次插入以下字符：版权符号"©"、字符串"中国茶文化"，单元格对齐方式为水平居中。

2. 利用 C:\KS\wyB 文件夹中的素材（图片素材在 wyB\images 中，动画素材在 wyB\flash 中），按以下要求制作或编辑网页，结果保存在原文件夹中。

（1）打开主页 index.html，设置网页标题为"工商-XXX"（注：XXX 是考生的真实姓名）；设置网页背景色为"#A6E7EE"，链接颜色为"#C95BD9"，已访问链接颜色为"#39C692"，始终无下划线。

（2）设置表格的第 1 行单元格中的文字超链接到"http://www.chawh.net"，在新窗口中打开，设置表格的第 2 行第 1 列单元格中的文字格式（CSS 目标规则名为.C01），文字字体为"隶书"，大小为 18。

（3）设置表格的第 2 行第 2 列单元格中的文字为编号列表，在表格的第 2 行第 3 列单元格中插入图片"a.jpg"，图片大小为 200×150 像素（宽×高），边框为 3 像素。

（4）合并表格第 3 行第 1、2、3 列单元格，插入水平线，设置水平线高度为 5 像素，颜色为"#B475C8"。

（5）在表格的第 4 行中插入电子邮件超链接，文本为"联系我们"，E-mail 为"abc@a.com"；插入日期，格式为"XXXX 年 X 月 X 日"，日期储存时自动更新，单元格对齐方式为水平居中。

3. 利用 C:\KS\wyC 文件夹中的素材（图片素材在 wyC\images 中，动画素材在 wyC\flash 中），按以下要求制作或编辑网页，结果保存在原文件夹中。

（1）打开主页 index.html，设置网页标题为"工商–XXX"（注：XXX 是考生的真实姓名）；设置表格属性如下：居中对齐，宽度 600 像素，边框、单元格填充和单元格间距都设置为 0。

（2）在表格的第 1 行内输入文字"中国茶文化"，设置文字格式为（CSS 目标规则名为.B01）：字体为隶书，字号为 36，居中对齐。

（3）在表格的第 3 行第 2 列单元格中插入表单，表单中插入一个文本域（文本字段），标签为"昵称："，字符宽度为 20，最多字符数为 10。

（4）在表格的第 3 行第 2 列单元格的表单中插入两个单选按钮，标签分别为"喜欢"和"不喜欢"，单选按钮的名称均为 bg，插入一个按钮，按钮上文字为"上传"。

（5）合并表格第 4 行第 1、2、3 列单元格，输入文字"中国人的文化!"，文字格式为（CSS 目标规则名为.B02）：文字颜色为"#F23368"，利用<marquee>制作该字符串的水平滚动效果。

4. 利用 C:\KS\wyD 文件夹中的素材（图片素材在 wyD\images 中，动画素材在 wyD\flash 中），按以下要求制作或编辑网页，结果保存在原文件夹中。

（1）打开主页 index.html，设置网页标题为"工商–XXX"（注：XXX 是考生的真实姓名），设置网页背景色为"#A0F29B"，合并表格第 1 行第 1、2、3 列单元格，设置第 1 行单元格背景色为"#90EF58"。

（2）在表格的第 1 行内输入文字"中国茶文化"，设置文字格式为（CSS 目标规则名称为.A01）：字体为隶书，字号为 36，居中对齐。

（3）在表格的第 2 行第 3 列单元格中插入图片"a.jpg"，图片大小为 150×225 像素（宽×高），图片超链接到"http://www.chawh.net"，在新窗口中打开。

（4）在表格的第 2 行第 1 列单元格中插入鼠标经过图像，原始图像为"b.jpg"，鼠标经过图像为"c.jpg"，图像大小为 150×225 像素（宽×高）。

（5）在表格的第 3 行内依次插入以下字符：版权符号"©"、两个全角空格、文字"中国茶文化"，单元格对齐方式为水平居中。

5. 利用 C:\KS\wyE 文件夹中的素材（图片素材在 wyE\images 中，动画素材在 wyE\flash 中），按以下要求制作或编辑网页，结果保存在原文件夹中。

（1）打开主页 index.html，设置网页标题为"工商–XXX"（注：XXX 是考生的真实姓名）；设置表格属性：居中对齐，边框线粗细：0 像素，所有单元格的背景颜色：#FFCC99。

（2）按样张，设置文字"移动互联网"的格式（CSS 目标规则名为.f）：字体为隶书，大小为 36px，粗体，居中显示。

（3）按样张，合并第 2 列第 1、2 行的单元格；插入鼠标经过图像：原始图像是 yd1.jpg，鼠标经过图像是 yd2.jpg，按下时前往的 URL 地址为：http://www.chawh.net。

（4）按样张，在表单中插入"您的姓名"文本域，插入"您的建议"文本区域，添加两个按钮"提交"和"重置"，并居中显示。

（5）按样张，设置网页尾部文字"返回顶部"超链接至锚点#head 处；在"咨询热线"前插入图片 tel.jpg，并设置图片宽、高都为 20，边框为 1。

模拟试题

试 题 1

一、单选题（本大题 25 道小题，每小题 1 分，共 25 分），从下面题目给出的 A、B、C、D 四个可供选择的答案中选择一个正确答案。

1. 在 CPU 中配置高速缓冲存储器（Cache）是为了解决_____。

A. 内存与辅助存储器之间速度不匹配的问题

B. CPU 与辅助存储器之间速度不匹配的问题

C. CPU 与内存之间速度不匹配的问题

D. 主机与外设之间速度不匹配的问题

2. _____的描述是错误的。

A. 二进制只有两位数

B. 二进制只有 "0" 和 "1" 两个数码

C. 二进制运算规则是逢二进一

D. 二进制数中右起第十位的 1 相当 2 的 9 次方

3. DVD-ROM 盘上的数据_____。

A. 可以反复读和写   B. 只能读出   C. 可以反复写入   D. 只能写入

4. 计算机硬件系统最核心的部件是_____。

A. 主板   B. CPU   C. 内存   D. I/O 设备

5. 下列传输媒体中_____属于有线媒体。

A. 光纤   B. 微波线路   C. 卫星线路   D. 红外传输

6. Windows 7 安装完成后，默认的桌面图标只有_____，其他常用桌面图标需要通过设置才能显示。

A. 计算机   B. 回收站   C. 网络   D. 用户的文件

7. Windows 7 中，默认打印机的数量最多可以是_____个。

A. 1   B. 2   C. 3   D. 4

8. 以下关于 Windows 7 "开始" 菜单中搜索框的描述，正确的是_____。

A. 搜索框要求用户提供确切的搜索范围

B. 搜索框具有 "运行" 功能

C．搜索框仅能搜索文件，不能搜索 Internet 收藏夹和浏览器历史记录等内容

D．搜索框可以搜索硬件信息

9．在 Word 2010 中，要设置行距，可执行_____按钮。

A．"开始"选项卡"段落"组的"行和段落间距"

B．"开始"选项卡"段落"组的"字符间距"

C．"页面布局"选项卡"字符间距"

D．"开始"选项卡"段落"组的"缩进与间距"

10．在 Word 2010 中，如果要将文档的扩展名取为 TXT，应在另存为对话框的保存类型中选择_____。

A．Word 文档　　　　B．纯文本　　　　C．文档模板　　　　D．其他

11．在 Excel 2010 中，对选定的单元格和区域命名时，可以选择_____选项卡的"定义的名称"组中的"定义名称"按钮。

A．开始　　　　B．插入　　　　C．公式　　　　D．数据

12．在 PowerPoint 2010 中，关于幻灯片动画设置，正确的描述是_____。

A．幻灯片中的每一个对象都只能使用相同的动画效果

B．各个对象的动画出现顺序是固定的，不能随意修改

C．每个对象只能设置动画效果，不能设置声音效果

D．某些动画被设置完后，还可修改动画效果

13．以下可以用来制作二维交互式动画的工具是_____。

A．GIFAnimation　　B．Flash　　　　C．MAYA　　　　D．3DSMAX

14．下面不是视频格式的是_____。

A．MOV　　　　B．AVI　　　　C．JPG　　　　D．MPG

15．JPEG 格式是一种_____。

A．以很高压缩比来保存图像而图像质量损失不多的有损压缩方式

B．不可选择压缩比例的有损压缩方式

C．不支持 24 位真彩色的有损压缩方式

D．可缩放的动态图像压缩格式

16．声音的采样是按一定的时间间隔，单位时间内的采样次数称为_____。

A．采样分辨率　　B．采样位数　　　C．采样频率　　　D．采样密度

17．_____不属于局域网网络拓扑。

A．总线网　　　　B．星型　　　　C．复杂型　　　　D．环型

18．互联网客户机与服务器之间使用_____协议。

A．HTTP　　　　B．WWW　　　　C．FTP　　　　D．TCP/IP

19．一个学校的计算机网络系统，属于_____。

A．TAN　　　　B．LAN　　　　C．MAN　　　　D．WAN

20．以下属于文件传输的互联网服务是_____。

A．FTP　　　　B．Telnet　　　　C．电子邮件　　　　D．WWW

21．使用 Dreamweaver CS4 时，_____是网页设计中的错误描述。

A．可以给文字定义超级链接　　　　B．可以给图像定义超级链接

C．超级链接颜色不可更改　　　　　D．超级链接颜色可以设为不同颜色

22．HTML 代码<img src=……>表示_____。

A．添加一个图像　　　　　　　　　B．排列对齐一个图像

C．设置围绕一个图像的边框的大小　D．加入一条水平线

23．对远程服务器上的文件进行维护时，通常采用的手段是_____。

A．POP3　　　　　B．FTP　　　　　C．SMTP　　　　　D．Gopher

24．_____不是网页文件的扩展名。

A．.htm　　　　　B．.html　　　　　C．.txt　　　　　D．.asp

25．使用 Dreamweaver CS4 时，在表格"属性"面板中，可设置表格的_____。

A．边框宽度　　　　B．文本的颜色　　　　C．背景图像　　　　D．背景颜色

二、填空题（本大题 5 道小题，每空 1 分，共 5 分）。

1．在 Windows 7 中，当用户打开多个窗口时，至多只有一个窗口处于激活状态，该窗口称之为_____窗口。

2．在 PowerPoint 2010 中，使用_____按钮，可以让幻灯片按设定的时间自动播放。

3．乐器数字接口的英文缩写是_____。

4．互联网上 WWW 的英文全称是_____。

5．为计算机网络中进行数据交换而建立的规则、标准或约定的集合，称为网络_____。

三、操作题

（一）Windows 操作（共 6 分）

1．查找文件夹 C:\Windows 下名为 win.ini 的配置设置文件，复制该文件到 C:\KS 文件夹下，并把该文本文件内容中所有的字母"e"改成数字"2"，并保存。

2．在 C:\KS 文件夹下创建一个名为 XT 的快捷方式，该快捷方式指向 C:\，并设置运行方式为最小化。

（二）Office 操作（每小题 4 分，共 20 分）

1．启动 Excel 2010，打开 C:\素材\excel.xlsx 文件，以样张为准，对 Sheet1 中的表格按以下要求操作，将结果以原文件名另存在 C:\KS 文件夹中。（计算必须用公式，否则不计分）

（1）A1:O1 改为跨列居中，修改 A1 单元格的内容为两行。

（2）设置 A3:A32 单元格区域的内容为居中对齐格式。按照"地区"进行分类汇总：12 月份平均值。

（3）利用公式在 Q3 单元格中计算上海的全年月平均日照时数；为 J14 单元格添加批注"最大值"。

2．启动 PowerPoint 2010，打开 C:\素材\Power.pptx 文件，按下列要求操作，将结果以原文件名另存在 C:\KS 文件夹中。（本题无样张）

（1）将所有幻灯片背景填充纹理设为"羊皮纸"；除标题幻灯片外，在其他幻灯片中添加幻灯片编号。

（2）为第二张幻灯片的"吐鲁番葡萄"建立超链接，指向第三张幻灯片；第三张幻灯片的标题添加"缩放"进入动画。

（三）网页设计（共 20 分）

利用 C:\KS\wy 文件夹下的素材（图片素材在 wy\images 文件夹下，动画素材在 wy\flash 文件夹下），按以下要求制作或编辑网页，结果保存在原文件夹下。

1. 打开主页 index.html，设置网页标题为"文明出游"；设置网页背景图像为"bg.jpg"；设置表格属性：居中对齐，边框线粗细、单元格填充和单元格间距都设置为 0。

2. 设置文字"文明出游倡议书"的格式为（CSS 目标规则命名为.f）：字体为隶书，字号为 36 像素，居中对齐；在"创建文明和谐的旅游环境……"前加入 8 个特殊字符中的不换行空格。

3. 在表格第 1 行第 1 列单元格中插入图片"logo.jpg"，图片大小 300×140 像素（宽×高），图片超链接到"http://www.cnta.gov.cn/"，在新窗口中打开。

4. 按样张插入编号；合并第 3 行第 1、2 列的单元格，插入水平线，设置水平线的宽度为 90%。

5. 按样张，在表单中添加"昵称"文本域和"职业"下拉菜单，下拉菜单的四个选项分别为：公司职员、公务员、教师、其他；插入一组单选按钮：乱扔垃圾、大声喧哗、破坏文物；添加两个按钮"提交"和"重置"。

（四）多媒体操作（共 24 分）

1. 图像处理（12 分）

在 Photoshop 软件中打开 C:\素材\picA1.jpg、picA2.jpg，按样张（"样张"文字除外）进行如下操作：

（1）将 picA1 合成到 picA2 中，并根据样张进行适当的调整。

（2）为风景所在的图层添加干画笔的滤镜效果。

（3）将相框所在图层的混合模式改为差值。

（4）输入横排文字"童话城堡"，字体为华文行楷、80 点，设置投影的图层样式（参数默认），并按样张将文字设置成透明效果。

将结果以 photo.jpg 为文件名保存在 C:\KS 文件夹中。结果保存时请注意文件位置、文件名及 JPEG 格式。

2. 动画制作（12 分）

打开 C:\素材\sc.fla 文件，参照样张制作动画（"样张"文字除外），制作结果以 donghua.swf 为文件名导出影片并保存在 C:\KS 文件夹中。注意：添加并选择合适的图层，动画总长为 40 帧。

操作提示：

（1）设置影片大小为 550 px×400 px，帧频为 12 帧/秒，将库中"上海"图片放置到舞台上，作为整个动画的背景，显示至第 40 帧。

（2）新建图层，使用库中"大众创业"和"万众创新"元件，第 1～5 帧在上方居中静止显示"大众创业"，第 5～20 帧形状渐变为下方居中的"万众创新"，显示至第 25 帧后消失。

（3）新建图层，将库中"红星"元件放入，居中，创建第 1～25 帧逐渐变小并淡出的动画。

（4）新建图层，将库中"幕布"元件放入，适当调整大小，创建第 25～30 帧由下方升到中间的动画，显示至第 40 帧。

试 题 2

一、单选题（本大题 25 道小题，每小题 1 分，共 25 分），从下面题目给出的 A、B、C、D 四个可供选择的答案中选择一个正确答案。

1. 以下各种类型的存储器中，＿＿＿＿＿＿＿＿内的数据不能直接被 CPU 读取。

A. 外存 B. ROM C. Cache D. RAM

2. 十进制数 2013 转换为二进制数是＿＿＿＿＿＿＿＿ B。

A. 11100011000 B. 11110111000 C. 11001111001 D. 11111011101

3. Java 是一种＿＿＿＿＿＿＿＿。

A. 数据库 B. 计算机设备 C. 程序设计语言 D. 应用软件

4. 数据通信的系统模型由＿＿＿＿＿＿＿＿三部分组成。

A. 数据、通信设备和计算机 B. 数据源、数据通信网和数据宿

C. 发送设备、同轴电缆和接收设备 D. 计算机、连接电缆和网络设备

5. 依照冯·诺依曼结构，计算机硬件系统由运算器、控制器、＿＿＿＿＿＿＿＿、输入设备和输出设备等五大部件组成。

A. 存储器 B. Cache C. 硬盘 D. CPU

6. Windows 7 中，＿＿＿＿＿＿＿＿是错误的。

A. 一种文件类型可不与任何应用程序关联

B. 一种文件类型只能与一个应用程序关联

C. 一般情况下，文件类型由文件扩展名标识

D. 一种文件类型可以与多个应用程序关联

7. Windows 7 中，计算机使用一段时间后，磁盘空间会变得零散，可以采用＿＿＿＿＿＿＿＿工具进行整理。

A. 磁盘空间管理 B. 磁盘清理 C. 磁盘扫描 D. 磁盘碎片整理

8. Windows 7 中，使用＿＿＿＿＿＿＿＿功能可以快速查看其他打开的窗口，而无需在当前正在使用的窗口外单击。

A. AeroSnap B. AeroShake C. AeroPeek D. Flip3D

9. Windows 7 中，桌面图标的排列方式可以通过＿＿＿＿＿＿＿＿设置。

A. 任务栏快捷菜单 B. 桌面快捷菜单 C. 任务按钮栏 D. 图标快捷菜单

10. 在 Word 2010 中，要把文档内所有文字"计算机"改为加粗显示，最高效的方法是选择＿＿＿＿＿＿＿＿。

A. 复制 B. 改写 C. 替换 D. 粘贴

11. 在 Word 2010 中，要插入艺术字，可以使用＿＿＿＿＿＿＿＿。

A. "插入"选项卡"文本"组"艺术字" B. "开始"选项卡"样式"组"艺术字"

C. "开始"选项卡"文本"组"艺术字" D. "插入"选项卡"插图"组"艺术字"

12. 在 Excel 2010 中，对工作表中公式单元格复制时，＿＿＿＿＿＿＿＿。

A. 公式中的绝对地址和相对地址都不变

B. 公式中的绝对地址和相对地址都会自动调整

C．公式中的绝对地址不变，相对地址自动调整

D．公式中的绝对地址自动调整，相对地址不变

13．在 PowerPoint 2010 中，幻灯片的播放_____。

A．只能按幻灯片编号的顺序播放

B．部分播放时，只能放映相邻连续的幻灯片

C．可以按任意顺序播放

D．不能倒回去播放

14．_____是 Photoshop 的专用文件格式，支持图层、通道、蒙板、色彩模式等几乎所有的图像信息。

　　A．JPG　　　　　　　B．BMP　　　　　　　C．PSD　　　　　　　D．GIF

15．计算机采集数据时，单位时间内的采样数称为_____，其单位是用 Hz 来表示。

　　A．采样周期　　　　　B．采样频率　　　　　C．传输速率　　　　　D．分辨率

16．GIF 图像格式_____。

　　A．用于存储矢量图　　　　　　　　　B．能够表现 512 种颜色

　　C．不能存储动画　　　　　　　　　　D．是一种无损压缩格式

17．_____的传输带宽最高。

　　A．光纤接入　　　　　B．CableModem　　　　C．ADSL　　　　　　D．电话拨号

18．关于防火墙，下列描述正确的是_____。

A．防火墙主要是为了查杀内部网中的病毒

B．防火墙可将未被授权的用户阻挡在内部网之外

C．防火墙主要是指机房出现火情时报警

D．防火墙能够杜绝各类网络安全隐患

19．网关（Gateway）是_____及其以上层次的互连设备。

　　A．数据链路层　　　　B．网络层　　　　　　C．物理层　　　　　　D．传输层

20．以下属于合法 IP 地址的是_____。

　　A．219:228:164:38　　B．219.228.164.38　　C．219-228-164-38　　D．219,228,164,38

21．最高级域名中，对应中华人民共和国的是_____。

　　A．com　　　　　　　B．gov　　　　　　　C．org　　　　　　　D．cn

22．_____是对于"网页背景"的错误描述。

A．网页背景的作用是在页面中为主要内容提供陪衬

B．背景与主要内容搭配不当将影响到整体的美观

C．背景图像的恰当运用不会妨碍页面的表达内容

D．网页背景可以是图片和颜色的混合

23．定义 HTML 文件主体部分的标记符号是_____。

　　A．<title>……</title>　　　　　　　　B．<body>……</body>

　　C．<head>……</head>　　　　　　　　D．<html>……</html>

24．使用 Dreamweaver CS4 时，_____在"页面属性"中不能被设置。

　　A．网页的背景色　　　　　　　　　　B．网页文本的颜色

　　C．网页文件的大小　　　　　　　　　D．网页的边距

25. 在表单中允许用户从一组选项中选择多个选项的表单对象是_____。

A. 单选按钮　　　　　B. 列表　　　　　C. 复选框　　　　　D. 单选按钮组

二、填空题（本大题 5 道小题，每空 1 分，共 5 分）。

1. Windows 7 任务栏中的_____按钮，可以将所有打开窗口全部最小化。

2. 在 Excle 2010 中，地址 A\$3 称为_____引用。

3. 在 Word 2010 文档中可选用的段落对齐方式有左对齐、右对齐、居中对齐、分散对齐和_____对齐五种。

4. _____音频是将电子乐器演奏时的指令信息通过声卡上的控制器输入计算机或利用一些计算机处理软件编辑产生音乐指令集合。

5. 在计算机网络中常见的三种有线传输介质是_____、同轴电缆和光纤。

三、操作题

（一）Windows 操作（共 6 分）

1. 在 C:\KS 文件夹下建立一个名为 ZCB 的快捷方式，快捷方式指向 Windows 系统自带的应用程序 regedit.exe，并设置运行方式为最大化。

2. 查找系统文件夹中名为 notepad.exe 的应用程序文件，以新文件名 notepad.dll 复制该文件到 C:\KS 文件夹下，并设置其属性为只读。

（二）Office 操作（每小题 4 分，共 20 分）

1. 启动 Excel，打开 C:\素材\excel.xlsx 文件，以样张为准，对 Sheet1 中的表格按以下要求操作，将结果以原文件名另存在 C:\KS 文件夹中。（计算必须用公式，否则不计分）

（1）利用公式在单元格区域 N3:N33 中，计算各城市全年月平均日照时数，结果保留 3 位小数，左对齐。

（2）A2:N33 所有单元格添加边框，其中外围为粗匣框线；A28 单元格添加批注"阳光之城"。

（3）利用拉萨的数据，生成一张"折线图"，嵌入 Sheet1 工作表中 P5:U18 区域。

2. 启动 PowerPoint 2010，打开 C:\素材\Power.pptx 文件，按下列要求操作，将结果以原文件名另存在 C:\KS 文件夹中。（本题无样张）

（1）为所有幻灯片添加渐变填充的背景，其预设颜色为"麦浪滚滚"；为第一张幻灯片添加自右侧"推进"切换效果。

（2）为第一张幻灯片中的标题添加"劈裂"动画效果；在所有幻灯片中添加自动更新的日期和时间，格式为 XXXX 年 XX 月 XX 日。

（三）网页设计（共 20 分）

利用 C:\KS\wy 文件夹下的素材（图片素材在 wy\images 文件夹下，动画素材在 wy\flash 文件夹下），按以下要求制作或编辑网页，结果保存在原文件夹下。

1. 打开主页 index.html，设置网页标题为"中超联赛 2015"；设置网页背景图像为"bg.jpg"；设置表格属性为居中对齐；所有单元格的背景颜色为 "#CCFFCC"。

2. 设置文字"中国足球超级联赛 2015 赛季"的格式（CSS 目标规则命名为 .f）：字体为隶书，字号为 36 像素，颜色为 "#0E6290"，粗体。

3．合并表格第 2 行第 1、2 列单元格，插入鼠标经过图像，原始图像为"zc1.jpg"，鼠标经过图像为"zc2.jpg"，单击后，前往的 URL 地址为"http://sports.sina.com.cn/"。

4．按样张为第 4 行第 1 列单元格中的文字插入项目符号；设置第 4 行第 1 列单元格宽度为 200 像素；在第 5 行单元格中插入水平线，颜色为"#0E6290"。

5．按样张，在表单中添加一组单选按钮；添加文本域，并设置其字符宽度为 20；添加两个按钮"提交"和"重置"。

（四）多媒体操作（共 24 分）

1．图像处理（12 分）

在 Photoshop 软件中打开 C:\素材\picC1.jpg、picC2.jpg，按样张（"样张"文字除外）进行如下操作：

（1）删除 picC1.jpg 中的天空，将 picC2.jpg 合成到 picC1.jpg 图像中，并适当调整大小和位置，效果见样张。

（2）对 picC1 图层中岩石的暗色部分，适当调整亮度/对比度，效果如样张所示。

（3）如样张制作镜框效果，用"扎染"图案填充。

（4）输入竖排文字"城堡"，字体为华文新魏、60 点、白色，并设置距离为 10 的投影的图层样式。

将结果以 photo.jpg 为文件名保存在 C:\KS 文件夹中。结果保存时请注意文件位置、文件名及 JPEG 格式。

2．动画制作（12 分）

打开 C:\素材\sc.fla 文件，参照样张制作动画（"样张"文字除外），制作结果以 donghua.swf 为文件名导出影片并保存在 C:\KS 文件夹中。注意：添加并选择合适的图层，动画总长为 40 帧。

操作提示：

（1）设置影片大小为 536 px×402 px，背景颜色为白色，帧频为 12 帧/秒。

（2）将"背景"图片放置在舞台中央，创建第 1～35 帧从无到有的动画效果，显示至 40 帧。

（3）新建图层，将库中的"人与地球"元件放置在舞台中央，适当调整大小，创建从第 1～35 帧元件由小变大的动画效果。

（4）新建图层，创建第 15～20 帧"互联网+"静止显示，第 20～30 帧变为"智能家居"的动画效果，且"智能家居"文字变为绿色，显示至 40 帧。

试 题 3

一、单选题（本大题 25 道小题，每小题 1 分，共 25 分），从下面题目给出的 A、B、C、D 四个可供选择的答案中选择一个正确答案。

1．当输入的数据储存到硬盘时，其数据移动的流向是从_____。
A．RAM 到硬盘 　　B．硬盘到 RAM 　　C．ROM 到 RAM 　　D．RAM 到 ROM

2．下列不是计算机存储器件的是_____。
A．总线 　　B．主存 　　C．Cache 　　D．寄存器

3. 计算机程序设计语言的发展经历了_____三个发展阶段。

A. 机器语言、BASIC 语言和 C 语言

B. 机器语言、汇编语言和高级语言

C. 二进制代码语言、机器语言和 FORTRAN 语言

D. 机器语言、汇编语言和 C++语言

4. 数据通信系统模型不包括_____。

A. 数据源　　　　　B. 数据通信网　　　　C. 数据库管理系统　　　D. 数据宿

5. 能比较全面地概括操作系统主要功能的描述是_____。

A. 资源管理和人机接口界面管理　　　　B. 多用户管理

C. 多任务管理　　　　　　　　　　　　D. 实时进程管理

6. _____不是 Windows 7 桌面上固有的图标。

A. 计算机　　　　　B. 网络　　　　　C. 金山毒霸　　　　　D. 回收站

7. Windows 7 中，剪贴板的作用是_____。

A. 临时存放应用程序剪贴或复制的信息

B. 作为资源管理器管理的工作区

C. 作为并发程序的信息存储区

D. 在使用 DOS 时划给的临时区域

8. 在 Windows 7 的资源管理器中，选择_____查看方式可以显示文件的"大小"和"修改的日期与时间"。

A. 大图标　　　　　B. 小图标　　　　　C. 列表　　　　　　　D. 详细信息

9. 在 Word 2010 中，"开始"选项卡"字体"组中"B"图形按钮的作用是：使选定对象_____。

A. 变为斜体　　　　B. 变为粗体　　　　C. 加下划线单线　　　D. 加下划波浪线

10. Word 2010 的"格式刷"可用于复制文本或段落的格式，若要将选中的文本或段落格式重复应用多次，应_____。

A. 单击格式刷　　　B. 双击格式刷　　　C. 右击格式刷　　　　D. 拖动格式刷

11. 在 Excel 2010 工作表的单元格中输入公式时，应先输入_____号。

A. =　　　　　　　　B. &　　　　　　　C. @　　　　　　　　D. %

12. PowerPoint 2010 在缺省状态下，按【F5】键后，_____。

A. 从第一张幻灯片开始放映　　　　　　B. 从当前幻灯片开始放映

C. 从选定的幻灯片开始放映　　　　　　D. 从任意一张幻灯片开始放映

13. _____文件是视频影像文件。

A. MPEG　　　　　　B. MP3　　　　　　C. MID　　　　　　　D. GIF

14. 正确描述 JPEG 图像格式的是_____。

A. 一种无损压缩格式　　　　　　　　　B. 具有不同的压缩级别

C. 可以存储动画　　　　　　　　　　　D. 支持多个图层

15. 有关 MP3 文件格式，描述正确的是_____。

A. 一种图形文件的压缩标准　　　　　　B. 采用的是无损压缩技术

C. 一种音乐文件压缩格式　　　　　　　D. 一种视频文件的压缩标准

16. _____类型的图像文件具有动画功能。

A．JPG   B．BMP   C．GIF   D．TIF

17. _____是关于无线网络设置正确的描述。

A．SSID 是无线网卡的名称

B．AP 是路由器的简称

C．无线安全设置是为了保护路由器安全

D．家用无线路由常被认为是 AP 和宽带路由二合一的产品

18．IP 地址 192.168.0.1 属于_____。

A．A 类地址   B．B 类地址   C．C 类地址   D．D 类地址

19．将文件从 FTP 服务器传输到客户机的过程称为_____。

A．上传   B．下载   C．浏览   D．传送

20．下列计算机网络的传输介质中，数据传输速度最快的是_____。

A．光纤   B．同轴电缆   C．双绞线   D．红外线

21．在 OSI 七层结构模型中，数据链路层属于_____。

A．第 7 层   B．第 4 层   C．第 2 层   D．第 6 层

22．Dreamweaver CS4 的"格式/样式/下划线"菜单表示_____。

A．从字体列表中添加或删除字体   B．将选定文本变为粗体

C．将选定文本变为斜体   D．在选定文本上加下划线

23．在 Dreamweaver CS4 中，要在网页所在的窗口或框架中打开链接，目标窗口设置应该为_____。

A．_blank   B．_parent   C．_self   D．_top

24．使用 Dreamweaver CS4 时，要给网页添加背景图片可以执行_____命令。

A．"文件—属性"   B．"格式—属性"

C．"编辑—对象"   D．"修改—页面属性"

25．制作网页时，关于可以采用的图像文件格式，正确的描述是_____。

A．仅可采用 JPG 格式

B．仅可采用 GIF 格式

C．仅可采用 PNG 格式

D．JPG 格式、GIF 格式和 PNG 格式都可采用

二、填空题（本大题 5 道小题，每空 1 分，共 5 分）。

1．在 Windows 7 环境下，按【_____+PrintScreen】组合键可以将当前活动窗口的画面复制到剪贴板。

2．在 Word 2010 中，单击"_____"选项卡的"插图"组中的"剪贴画"按钮，可以打开剪贴画任务窗格。

3．使计算机具有"听话"的能力，即通过用户的话音输入与计算机进行交互，通常称为语音_____技术。

4．当前使用最广泛的互联网协议是_____协议，主要包括传输控制协议和互联网协议。

5．万维网英文缩写为_____。

三、操作题

（一）Windows 操作（共 6 分）

1. 查找文件夹 C:\Windows 下名为 winhlp32.exe 的应用程序，以新文件名 help.dll 复制该文件到 C:\KS 文件夹中，并设置其属性为只读。

2. 在 C:\KS 文件夹下建立名为 HuaBan 的快捷方式，指向画图程序 mspaint.exe，并指定快捷键为【Ctrl+Shift+M】。

（二）Office 操作（每小题 4 分，共 20 分）

1. 启动 Excel 2010，打开 C:\素材\excel.xlsx 文件，以样张为准，对 Sheet1 中的表格按以下要求操作，将结果以原文件名另存在 C:\KS 文件夹中。（计算必须用公式，否则不计分）

（1）A1:N1 改为合并居中；P2 单元格的内容改为"上海最大"；在 P3 单元格中利用公式计算上海的最大日照时数。

（2）设置 B3:M33 单元格区域的条件格式：红–黄–绿色阶。

（3）利用北京、天津的 3 月、6 月和 9 月的数据，生成一张"三维圆锥图"，嵌入 Sheet1 工作表中 P5:U18 区域。

2. 启动 PowerPoint 2010，打开 C:\素材\Power.pptx 文件，按下列要求操作，将结果以原文件名另存在 C:\KS 文件夹中。（本题无样张）

（1）为所有幻灯片应用"波形"主题；在第四张幻灯片后面插入一张版式为"两栏内容"的幻灯片。

（2）为新插入的第五张幻灯片添加标题文字为"图片欣赏"，并分别在左右两栏中插入素材中的 putao.jpg 和 ylm.jpg 图片。

（三）网页设计（共 20 分）

利用 C:\KS\wy 文件夹下的素材（图片素材在 wy\images 文件夹下，动画素材在 wy\flash 文件夹下），按以下要求制作或编辑网页，结果保存在原文件夹下。

1. 打开主页 index.html，设置网页标题为"电动汽车"；设置网页背景色为"#C4F1F4"，合并表格第 1 行第 1～3 列单元格，设置第 1 行单元格水平居中对齐。

2. 在表格的第 1 行内输入字符串"电动汽车简介"，设置文字格式（CSS 目标规则命名为.A02）字体为隶书，字号为 36。

3. 在表格的第 2 行第 1 列单元格中插入图片"car1.jpg"，图片大小为 280×150 像素（宽×高），点击图片中的车牌可超链接到"http://www.ddqc.com"，并在新窗口中打开网页。

4. 将表格的第 2 行第 2 列单元格中蓝色文字设置为编号列表。在表格的第 3 行第 2 列单元格中插入一条水平线，颜色为"#996600"，高度为 5 像素，无阴影。

5. 如样张所示，在表格的第 4 行第 2 列单元格中依次插入以下字符：版权符号"©"、两个全角空格、文字"电动汽车公司"；单元格对齐方式为水平居中。

（四）多媒体操作（共 24 分）

1. 图像处理（12 分）

在 Photoshop 软件中打开 C:\素材\picE1.jpg、picE2.jpg，按样张（"样张"文字除外）进行如下操作：

（1）将 picE2.jpg 中的气球复制到 picE1.jpg 中合适的位置，并根据样张适当调整气球的大小和角度。

（2）为气球设置染色玻璃滤镜效果。

（3）输入横排文字"欢乐假期"，字体为华文琥珀、36点，并创建文字变形为"下弧"。

（4）为文字添加10像素的"蓝、红、黄渐变"描边效果，并设置透明文字效果。

将结果以 photo.jpg 为文件名保存在 C:\KS 文件夹中。结果保存时请注意文件位置、文件名及 JPEG 格式。

2．动画制作（12分）

打开 C:\素材\sc.fla 文件，参照样张制作动画（"样张"文字除外），制作结果以 donghua.swf 为文件名导出影片并保存在 C:\KS 文件夹中。注意：添加并选择合适的图层，动画总长为40帧。

操作提示：

（1）设置影片大小为 500 px × 345 px，帧频为 12 帧/秒，将元件 1 放置在左上角，显示至40帧。

（2）新建图层，将"敬老院"元件放置在舞台上，创建第 5～10 帧，图片从一半宽度自下而上全部展开，并显示至 15 帧的动画效果。

（3）新建图层，使用"上海献血"图片，创建第 15～20 帧，图片从无到有出现，并显示至 25 帧的动画效果。

（4）在第 25～35 帧，制作"上海献血"图片变成"勇于奉献"文字的动画效果，并显示至 40 帧。

试　题　4

一、单选题（本大题 25 道小题，每小题 1 分，共 25 分），从下面题目给出的 A、B、C、D 四个可供选择的答案中选择一个正确答案。

1．_____的描述是错误的。

A．CPU 内含有寄存器　　　　　　　B．CPU 是属于硬件

C．CPU 内含有应用程序　　　　　　D．CPU 内含有算术逻辑单元

2．_____存储速度最快。

A．光盘　　　　　B．软盘　　　　　C．硬盘　　　　　D．RAM

3．计算机系统的内部总线，主要可分为控制总线、_____和地址总线。

A．DMA 总线　　　B．数据总线　　　C．PCI 总线　　　D．RS-232

4．二进制数 10001001011B 转换为十进制数是_____。

A．2090　　　　　B．1077　　　　　C．1099　　　　　D．2077

5．下列计算机程序设计高级语言中，不属于面向对象高级语言的是_____。

A．C　　　　　　　B．C++　　　　　C．VB　　　　　　D．JAVA

6．在 Windows 7 中，各种中文输入法切换的组合键是_____。

A．【Ctrl+Space】　　　　　　　　B．【Ctrl+Alt】

C．【Shift+Space】　　　　　　　　D．【Ctrl+Shift】

7. 在 Windows 7 中，_____是关闭一个活动应用程序窗口的快捷键。

A.【Alt+F4】　　　　B.【Shift+F4】　　　　C.【Ctrl+F4】　　　　D.【Alt+F3】

8. 在 Windows 7 的对象上右击，则_____。

A. 可以打开一个对象的窗口　　　　　　B. 激活该对象

C. 复制该对象的备份　　　　　　　　　D. 弹出针对该对象操作的一个快捷菜单

9. 在 Word 2010 中，格式刷_____。

A. 只能复制图形格式　　　　　　　　　B. 只能复制字体格式

C. 只能复制段落格式　　　　　　　　　D. 可以复制选定对象的任何格式

10. 在 Word 2010 中，使用"另存为"命令，不能_____。

A. 为文档命名　　　　　　　　　　　　B. 改变文档的保存位置

C. 改变文档的类型　　　　　　　　　　D. 直接改变文档的大小

11. Excel 2010 自动筛选状态下，所选数据表的每个列名旁都对应着一个下拉列表按钮，该按钮可以设定各自的筛选条件，这些条件之间的关系是_____。

A. 与　　　　　　　B. 或　　　　　　　C. 非　　　　　　　D. 异或

12. 在 PowerPoint 2010 中，给幻灯片应用逻辑节，可通过"开始"选项卡_____组来实现。

A. 段落　　　　　　B. 编辑　　　　　　C. 绘画　　　　　　D. 幻灯片

13. 有关补间动画的描述，错误的是_____。

A. 中间的过渡补间帧由计算机通过首尾帧的特性以及动画属性要求来计算得到

B. 创建补间动画需要安排动画过程中的每一帧画面

C. 动画效果主要依赖于人的视觉暂留特征而实现的

D. 当帧速率达到 12fps 以上时，才能看到比较连续的视频动画

14. _____不是衡量一种数据压缩技术性能好坏的重要指标。

A. 压缩比　　　　　B. 算法复杂度　　　C. 压缩前的数据量　　　D. 数据还原效果

15. MP3_____。

A. 具有最高的压缩比的图形文件的压缩标准

B. 采用的是无损压缩技术

C. 是目前流行的音乐文件压缩格式

D. 具有最高的压缩比的视频文件的压缩标准

16. 对于静态图像，目前广泛采用的压缩标准是_____。

A. DVI　　　　　　B. JPEG　　　　　　C. MP3　　　　　　D. MPEG

17. 一座大楼内的一个计算机网络系统，属于_____。

A. PAN　　　　　　B. LAN　　　　　　C. MAN　　　　　　D. WAN

18. Internet 上的计算机互相通信所必须采用的协议是_____。

A. X.25　　　　　　B. TCP/IP　　　　　C. CSMA/CD　　　　D. PPP

19. 家里有一台台式计算机和一台带有无线网卡的便携式计算机，若要组建无线局域网，并能通过 ADSL 访问互联网，_____是不需要的。

A. 无线网卡　　　　　　　　　　　　　B. ADSL 调制解调器

C. 无线路由器　　　　　　　　　　　　D. 同轴电缆

20. 以下 IP 地址中，属于 B 类地址的是_____。

A. 112.213.12.23　　　　　　　　B. 210.123.23.12

C. 23.123.213.23　　　　　　　　D. 156.123.32.12

21. 在因特网域名中，com 通常表示_____。

A. 商业组织　　　B. 教育机构　　　C. 政府部门　　　D. 军事部门

22. _____不是 Dreamweaver CS4 提供的热点创建工具。

A. 矩形热点　　　B. 圆形热点　　　C. 多边形热点　　　D. 指针热点

23. 在 Dreamweaver CS4 表单中，对于用户输入的图片文件，应使用的表单元素是_____。

A. 单选按钮　　　B. 多行文本域　　　C. 图像域　　　D. 文件域

24. 在 Dreamweaver CS4 中，鼠标经过图像时，_____。

A. 可以设置"原始图像"和"鼠标经过图像"，不能设置"替换文本"

B. 可以设置"原始图像"和"替换文本"，不能设置"鼠标经过图像"

C. 可以设置"鼠标经过图像"和"替换文本"，不能设置"原始图像"

D. 可以同时设置"原始图像""鼠标经过图像"和"替换文本"

25. 在网页中最常用的两种图像格式是_____。

A. JPEG 和 GIF　　　　　　　　B. JPEG 和 PSD

C. GIF 和 BMP　　　　　　　　D. BMP 和 PSD

二、填空题（本大题 5 道小题，每空 1 分，共 5 分）。

1. Windows 7 中的_____是一个特殊的文件夹，它默认包含视频、图片、文档和音乐等四个特殊文件夹。

2. 在 Word 2010 中，单击"_____"选项卡"页面设置"组中的"分栏"按钮，可以为所选段落分栏。

3. 利用计算机对语音进行处理的技术包括语音_____技术和语音合成技术，它们分别使计算机具有"听话"和"讲话"的能力。

4. 计算机网络可分成局域网、城域网和_____等三大类。

5. 数据交换的方式：电路交换、_____、分组交换。

三、操作题

（一）Windows 操作（共 6 分）

1. 在 C:\KS 文件夹下创建两个文件夹：PA、PB，在 PA 文件夹下创建 PC 子文件夹。在 C:\KS 文件夹下创建一个文本文件，文件名为 T.txt，内容为"时间都去哪儿了"。

2. 在 C:\KS 文件夹下建立一个名为 COM 的快捷方式，该快捷方式指向 Windows 系统文件夹中的应用程序 mmc.exe，并设置运行方式为最大化。

（二）Office 操作（每小题 4 分，共 20 分）

1. 启动 Excel 2010，打开 C:\素材\excel.xlsx 文件，以样张为准，对 Sheet1 中的表格按以下要求操作，将结果以原文件名另存在 C:\KS 文件夹中。（计算必须用公式，否则不计分）

（1）将数据表按 1 月份日照时数降序排序。

（2）利用北京上半年的数据，生成一张"三维饼图"，图表布局采用"布局 4"，嵌入于 Sheet1 工作表中 O5:T19 单元格区域。

（3）在 P3 单元格中利用公式计算上海全年的月平均日照时数；在 N3:N33 单元格区域计算各城市全年平均日照时数与上海全年平均日照时数的差，计算结果保留一位小数。

2．启动 PowerPoint 2010，打开 C:\素材\Power.pptx 文件，按下列要求操作，将结果以原文件名另存在 C:\KS 文件夹中。（本题无样张）

（1）将所有幻灯片添加"心如止水"的渐变填充的背景色，类型为路径；除标题幻灯片外，在其他幻灯片中添加自动更新的时间（hh:mm）。

（2）在第一张幻灯片的标题下方插入一个"结束"动作按钮，并将动作按钮超链接到结束放映；第二张幻灯片的标题添加"放大/缩小"的动画。

（三）网页设计（共20分）

利用 C:\KS\wy 文件夹下的素材（图片素材在 wy\images 文件夹下，动画素材在 wy\flash 文件夹下），按以下要求制作或编辑网页，结果保存在原文件夹下。

1．打开主页 index.html，设置网页标题为"智慧城市"，设置网页背景图片为"city_bj1.jpg"，并设置背景图片不重复；修改表格的间距为10，边框为0。

2．合并表格第 1 列第 2～3 行单元格，在合并后的单元格内插入鼠标经过图像，原始图像为"pic1.jpg"，鼠标经过图像为"pic2.jpg"，图像大小为 150×100 像素（宽×高）。

3．在表格第 2 列第 3 行中插入"文本.txt"中的文字，并设置文字格式（CSS 目标规则命名为.A02）：字体为隶书，字号为 18，颜色为"#B956D1"；在该段文字的最前方插入两个全角空格。

4．在表格的第 2 列第 4 行单元格中插入一条水平线，颜色为"#996600"，高度为 5 像素，无阴影。

5．在表格的第 2 列第 5 行内依次插入 2 段文字："©版权所有"和"联系我们"；对齐方式为水平居中；点击"联系我们"可发送 Email 到 city@city.com 邮箱。

（四）多媒体操作（共24分）

1．图像处理（12分）

在 Photoshop 软件中打开 C:\素材\picG1.jpg、picG2.jpg，按样张（"样张""文字除外"）进行如下操作：

（1）为 picG1 添加半径为 10 的高斯模糊滤镜效果。

（2）将 picG2 合成到 picG1 中，并根据样张进行适当的调整。

（3）为小苗添加大小为 40 的外发光效果。

（4）输入竖排文字"生命"，字体为华文琥珀、48 点，浑厚，颜色 RGB（0,255,0），并设置斜面和浮雕的图层样式，样式为浮雕效果。

将结果以 photo.jpg 为文件名保存在 C:\KS 文件夹中。结果保存时请注意文件位置、文件名及 JPEG 格式。

2．动画制作（12分）

打开 C:\素材\sc.fla 文件，参照样张制作动画（"样张"文字除外），制作结果以 donghua.swf 为文件名导出影片并保存在 C:\KS 文件夹中。注意：添加并选择合适的图层，动画总长为 40 帧。

操作提示：

（1）设置影片大小为 500 px×330 px，背景颜色为白色，帧频为 12 帧/秒。

（2）使用"企业实践"元件，在舞台中对齐，创建第 1～5 帧静止，5～10 帧顺时针旋转一圈、适当缩小，飞到画面左下角的动画效果，显示至第 40 帧。

（3）新建图层，使用"社会实践"元件，在舞台中对齐，创建第 15～20 帧静止，20～25 帧逐渐缩小到画面右下角的动画效果，显示至第 40 帧。

（4）新建图层，创建从第 25～35 帧，"元件 1"变成"勇于实践"元件的动画效果，并显示至 40 帧。

第三部分

附录

附录A

→ 上海市高等学校计算机等级考试（一级）考试大纲

（2016 年修订）

一、考试性质

上海市高等学校计算机等级考试是上海市教育委员会组织的全市高校统一的教学考试，是检测和评价高校计算机基础教学水平和教学质量的重要依据之一。该项考试旨在规范和加强上海高校的计算机基础教学工作，提高学生的计算机应用能力。考试对象主要是上海市高等学校学生，每年举行一次，通常安排在当年的 10 下旬、11 月上旬的星期六或星期日。凡考试成绩达到合格者或优秀者，由上海市教育委员会颁发相应的证书。

本考试由上海市教育委员会统一领导，聘请有关专家组成考试委员会，委托上海市教育考试院组织实施。

二、考试目标

考试的目标是测试考生掌握基本的信息技术基础知识、计算机基础知识的程度和应用计算机的能力，以使学生能跟上信息科技尤其是计算机技术的飞速发展，适应信息化社会的需求；通过考试在教学上提高教学质量，使教学能适应上海市教育委员会提出的计算机和信息技术学习"不断线"的要求，并为后继课程和专业课程的计算机应用奠定基础。

三、考试细则

1. 考试时间：90 min。
2. 考试方式：考试采用基于网络环境的无纸化上机考试。
3. 考试环境：
- 上海市高校计算机等级考试通用平台。
- 操作系统：Windows 7 中文版。
- 应用软件环境：Office 2010 中文版(包括 Word、Excel、PowerPoint 完全安装)、Photoshop CS4 中文版、Flash CS4 中文版、Dreamweaver CS4 中文版、Audition 3.0 中文版等。

四、试卷结构

考题由 4 个部分组成：计算机应用基础知识(含信息技术及网络技术基础知识)、操作系统和办公软件、多媒体技术基础及计算机网页制作。

按本考纲要求的知识和技能范围，并按照知识认知和技能掌握的要求命制考题，原则上达到以下百分比要求：在认知要求方面，"知道""理解"和"掌握"分别占 40%、40% 和 20% 左右；在技能要求方面，"学会""比较熟练"和"熟练"分别占 20%、40% 和 40% 左右。详细见附表 1。

附表 1　试卷结构

模　　　　块		单选题	填空题	操作题	总　　分
基础知识		4	1		
操作系统		4	1	6	
办公软件	Word/Excel/PowerPoint 3 选 2	4	1	20	
多媒体技术基础	图像	4	1	12	
	动画			12	
计算机网络与数据通信基础		6			
网页制作		3	1	20	
合计		25	5	70	100

注意：*以上是每次考试的总体性要求，每份考卷的具体分值分布可以略有偏差。*

五、考试内容和要求

1. 信息技术及计算机应用基础知识

信息技术及计算机应用基础知识考试内容和要求见附表 2。

附表 2　信息技术及计算机应用基础知识考试内容和要求

一级知识点	二级知识点	三级知识点	知识认知	技能掌握
信息技术概述	信息技术的发展	信息技术的发展阶段	理解	
		信息技术的重大变革	理解	
		各发展阶段的主要特征	理解	
	现代信息技术的内容	信息的获取、传输、处理、控制、存储和展示技术	理解	
	计算机的发展	计算机的诞生和计算机的发展阶段	知道	
		计算机技术的新进展	知道	
		计算思维	知道	
	信息技术的应用	信息技术在生活、学习、工作中的应用	知道	
	信息安全、法律与道德	信息技术使用的道德和法律规范	知道	
		信息安全基本知识	知道	
计算机硬件	计算机组成的基本结构	五大组成部分	掌握	
	中央处理器	组成	理解	
		功能	理解	
	存储器	主存储器	理解	
		外存储器	理解	

一级知识点	二级知识点	三级知识点	知识认知	技能掌握
计算机硬件	存储器	缓冲存储器	理解	
		存储器的层次结构	理解	
		存储器的变革，现代存储技术，虚拟存储技术	知道	
	输入/输出设备	常用输入/输出设备（键盘、鼠标、扫描仪、显示器、打印机、绘图仪）的功能	理解	
	总线和接口	地址总线、数据总线、控制总线	知道	
		常用接口及其基本性能	知道	
计算机的基本工作原理	信息在计算机内部的表示	二进制编码	掌握	
		二进制/十进制/十六进制整数转换	掌握	
		数值、文字、声音、图像在计算机内部的表示	理解	
	指令系统	指令	知道	
		指令系统	知道	
		寻址方式	知道	
		指令执行周期	知道	
计算机软件基础知识	软件和软件的分类	软件的含义	理解	
		软件的分类	理解	
	系统软件	系统软件类型（操作系统、语言处理程序、系统开发维护工具、设备驱动程序）	理解	
		操作系统的基本功能	理解	
	应用软件	应用软件类型	知道	
		常用应用软件	知道	
数据通信技术基本知识	数据通信的系统概念	数据、信号、信道的概念	知道	
		通信系统模型	知道	
	传输介质	有线介质、无线介质	理解	
	数据通信的主要技术指标	传输速率	理解	
		差错率	理解	
		可靠性	理解	
		带宽	理解	
	常用通信系统	固定电话、移动电话、光纤通信、卫星通信、有线电视系统、红外、蓝牙	知道	
	通信技术的发展	数字电视	知道	
		移动通信（3G，4G）	知道	
信息技术的新发展	信息技术的新应用领域	移动互联网、云计算、大数据、物联网	知道	

2. 操作系统

操作系统的考试内容和要求见附表 3。

一级知识点	二级知识点	三级知识点	知识认知	技能掌握
操作系统工作环境	进入与关闭	Windows 的正常启动	理解	比较熟练
		用户切换	理解	比较熟练
		关闭方法	理解	比较熟练
	操作系统的操作界面	窗口的组成与操作	掌握	熟练
		对话框的组成与操作	掌握	熟练
		菜单的分类、组成与操作	掌握	熟练
桌面、开始菜单与任务栏	Windows 的桌面	桌面主题的应用、定义与保存	理解	学会
		背景图片与图标设置	理解	学会
		小工具的设置	理解	学会
		快捷方式及其创建、修改、使用、删除	理解	熟练
	"开始"菜单	开始菜单的组成	理解	比较熟练
		程序列表的作用与操作	理解	比较熟练
		跳转列表的作用与操作	理解	比较熟练
		开始菜单搜索框的作用和应用	理解	比较熟练
	任务栏	按钮区分组管理、预览功能	理解	比较熟练
		按钮区跳转列表的基本操作	理解	比较熟练
		按钮区程序项锁定的基本操作	理解	比较熟练
		通知区域和显示桌面功能与操作	理解	比较熟练
资源管理器	文件与文件夹管理	文件命名和文件类型概念	掌握	
		文件属性概念	掌握	熟练
		文件夹概念	理解	
		文件与文件夹操作：创建、选择、打开、复制/移动、改名、删除、恢复	掌握	熟练
		文件与文件夹的查找	掌握	熟练
		文件与文件夹的属性设置	掌握	熟练
		库的创建与设置	理解	比较熟练
磁盘管理	磁盘管理	磁盘格式化	知道	熟练
		磁盘信息的查看	掌握	熟练
程序管理与操作	程序管理与操作	程序的启动与退出	掌握	比较熟练
		运行程序间切换	掌握	熟练
		多任务间数据传递（剪贴板的应用）	掌握	比较熟练
		文件打开方式设置	理解	比较熟练
		安装与卸载应用程序	理解	学会
		安装设备驱动程序	理解	比较熟练
		WinRAR 工具的使用	理解	学会
系统设置	系统设置	安装与卸载打印驱动程序、连接与设置默认打印机、设置打印参数	掌握	熟练

一级知识点	二级知识点	三级知识点	知识认知	技能掌握
系统设置	系统设置	打印文档、查看打印队列	掌握	熟练
		中文输入法选用	理解	学会

3. 办公软件

办公软件的考试内容和要求见附表 4。

附表 4　办公软件的考试内容和要求

一级知识点	二级知识点	三级知识点	知识认知	技能掌握
字处理软件	基本操作	窗口界面的使用	掌握	熟练
		撤消、恢复	掌握	熟练
		字符和段落的插入、修改与删除	掌握	熟练
		字符和段落的复制与移动	掌握	熟练
		文档导航、查找与替换	掌握	熟练
	格式设置	字符格式设置	掌握	熟练
		段落格式设置	掌握	熟练
		页面格式设置	理解	比较熟练
		项目符号和编号	掌握	熟练
		边框与底纹	掌握	熟练
		首字下沉	掌握	熟练
		分栏	掌握	熟练
	样式与模板使用	样式定义、使用、修改	知道	学会
		模板建立和使用模板文件	知道	学会
	对象应用	创建表格、表格内容的编辑、表格格式设置	掌握	熟练
		自选图形绘制、编辑、填充设置、轮廓设置、效果设置	掌握	比较熟练
		插入图片，图片编辑、缩放及图片样式	掌握	熟练
		公式的建立与编辑	掌握	比较熟练
		艺术字设置	掌握	熟练
		符号与编号的插入与设置	掌握	比较熟练
		SmartArt 的插入与设置	掌握	比较熟练
		页眉、页脚、页码的设置	掌握	比较熟练
		图表、音频和视频对象	掌握	比较熟练
	文档管理	目录的创建、修改和删除	理解	比较熟练
		文档的新建、打开、保存、文档类型转换	掌握	熟练
	文档打印	页面设置、打印机属性设置、打印预览、打印	掌握	比较熟练
电子表格软件	单元格和区域	单元格数据（各种类型数据、批注）	掌握	熟练
		单元格输入（公式、函数、引用）	掌握	熟练

一级知识点	二级知识点	三级知识点	知识认知	技能掌握
电子表格软件	单元格和区域	单元格和区域的选取、命名	掌握	熟练
		单元格的编辑（修改单元格数据、插入、删除单元格等）	掌握	熟练
	格式化	单元格格式（数字、对齐、字体、边框、填充等）	掌握	熟练
		列宽和行高的调整、隐藏、取消隐藏	掌握	熟练
		格式复制和删除（含格式刷应用）	掌握	熟练
		单元格样式（自动套用格式、条件格式）	掌握	熟练
	图表	创建图表	掌握	熟练
		图表选取、缩放、移动、复制和删除	掌握	熟练
		图表对象编辑	理解	比较熟练
		创建迷你图	知道	学会
	排序	简单、复杂、自定义排序	掌握	比较熟练
	筛选	自动筛选	掌握	比较熟练
	分类汇总	分类汇总表的建立、删除和分级显示	掌握	比较熟练
	数据透视表	数据透视表的建立	掌握	比较熟练
	工作簿管理	工作表操作	掌握	熟练
		新建、打开、保存、搜索文件、打印、页面设置	掌握	熟练
电子演示文稿	基本操作	创建演示文稿	掌握	熟练
		打开、保存和关闭演示文稿	掌握	熟练
		视图模式切换	理解	比较熟练
	幻灯片对象的应用	占位符	理解	
		应用文本（输入、编辑、格式、效果）	掌握	熟练
		应用表格（插入、编辑、设计和布局）	掌握	熟练
		应用图片、剪贴画（插入、编辑和格式）	掌握	熟练
		应用 SmartArt 图形（插入、编辑、设计和格式）	掌握	熟练
		图表（插入、编辑、设计、布局和格式）	理解	学会
		应用相册（插入和编辑）	掌握	学会
		插入音频和视频	掌握	学会
		应用逻辑节（新建和删除）	掌握	熟练
	幻灯片编排	插入、移动、复制、删除、版面设置	掌握	比较熟练
	总体设计	应用母板（分类、区域、格式化）	理解	学会
		应用模板（模板的作用、创建和使用）	理解	学会
		应用主题（主题的作用、主题的使用、自定义主题）	理解	学会
		应用版式（版式和占位符的插入）	掌握	比较熟练
		设置背景（背景样式和格式）	掌握	比较熟练
	幻灯片放映设置	幻灯片切换效果（添加效果、换片方式、切换声音）	理解	熟练
		动画效果（预设动画、自定义动画、动画预览）；动画刷的使用	理解	熟练

一级知识点	二级知识点	三级知识点	知识认知	技能掌握
电子演示文稿	幻灯片放映设置	超链接和动作效果（应用超链接和动作按钮的基本方法）	掌握	熟练
		设置放映方式（放映类型、放映范围、放映选项、换片方式）	知道	学会
		排练计时放映（记录放映时间、重新记录）	知道	学会
		自定义放映（创建放映名称、编辑放映次序）	知道	学会
	幻灯片打印	打印机属性设置（幻灯片大小、纸张打印方向）	理解	学会
		页眉和页脚设置（幻灯片或页面包含内容）	理解	学会
		设定打印内容（幻灯片、讲义、备注页、大纲视图）	理解	学会

4. 多媒体技术基础

多媒体技术基础的考试内容的要求见附表 5。

附表 5 　多媒体技术基础的考试内容的要求

一级知识点	二级知识点	三级知识点	知识认知	技能掌握
多媒体基础知识	多媒体技术	媒体及其分类	掌握	
		数据压缩技术	理解	
		多媒体存储技术	知道	
		多媒体同步技术	知道	
	多媒体系统	多媒体硬件设备	理解	
		多媒体软件分类	理解	
		多媒体软件特点	理解	
	现代多媒体技术	多媒体网页	知道	
		流媒体技术	理解	
		网上实时播放和点播	知道	
		移动多媒体技术	知道	
音频信号的处理	WAVE 音频文件	音频文件的特征	理解	
		常用的音频制作软件	理解	
		采样、量化、编码的概念	理解	
	MIDI 合成音乐	什么是 MIDI 合成音乐	知道	
	波形音频处理	声音处理的过程	知道	
		各种音频文件格式之间的转换	掌握	比较熟练
		声音的录制与基本编辑	掌握	比较熟练
		声音效果的处理	掌握	比较熟练
	语音合成与识别	语音合成与语音识别的基本含义	知道	
图像信息的处理技术	图像的数字化	数字图像的获取方法，图形、图像、图像尺寸、色彩空间模型、分辨率、色阶、数字图像的量化等基本概念	知道	
	数字图像文件格式	BMP、WMF、TIF、GIF、JPEG、PSD、PNG 等图像文件格式的特点与应用	理解	

一级知识点	二级知识点	三级知识点	知识认知	技能掌握
图像信息的处理技术	数字图像的处理	常用的图像输入设备	知道	
		数字图像处理的基本操作	知道	
		图像选取的基本方法（魔棒工具、矩形选框工具、椭圆选框工具等）		熟练
		图层基本操作（新建、删除、复制、排序、合并、更改不透明度等）		熟练
		图像的变换（移动、缩放、旋转）		熟练
		图像中文字的处理		熟练
		色彩调整（色阶、色彩平衡、色相/饱和度）的基本方法		比较熟练
		图层蒙板		比较熟练
		滤镜		比较熟练
		图层样式（投影、斜面与浮雕、外发光）的基本方法		比较熟练
		选区调整的基本方法（移动、缩放、羽化、反选、取消、描边）		熟练
		图层混合模式	知道	学会
		移动、缩放、渐变（线性、径向）、仿制图章、油漆桶、铅笔、画笔、橡皮擦等工具的基本用法		熟练
动画处理技术	动画概述	动画基本原理	知道	
		动画的分类与存储格式	知道	
	基本动画制作	逐帧动画		熟练
		补间形状		熟练
		补间动画		熟练
		遮罩动画	理解	
		多图层动画		熟练
		骨骼动画	知道	
		导出影片保存		熟练
	元件	图形与影片剪辑元件的使用		熟练
视频信息的处理技术	视频信息的获取	数字视频获取的途径	知道	
	数字视频文件格式	AVI、MPG、WMV、ASF、RM、MOV、DAT 等格式	知道	
	视频信息压缩基本原理	数据压缩处理的概念，数据压缩方法，MPEG 标准	知道	
		空间冗余和时间冗余概念	知道	
	视频信息的基本处理方法	格式转换工具、截图工具、录屏工具、视频制作工具	知道	
		视频编辑的基本方法	理解	比较熟练

5. 计算机网络和网页设计

计算机网络和网页设计的考试内容和要求见附表6。

附表6　计算机网络和网页设计的考试内容和要求

一级知识点	二级知识点	三级知识点	知识认知	技能掌握
计算机网络的基本概念	网络的定义、发展、分类与组成	计算机网络的概念、分类与发展	知道	
		计算机网络的功能与应用	知道	
		计算机网络的组成	知道	
	网络协议	网络体系结构	知道	
		网络协议	知道	
		OSI 参考系统互联模型	知道	
网络安全	数据加密	密码的概念	知道	
	计算机网络安全	病毒、黑客的防范	理解	比较熟练
		木马、蠕虫	理解	
	防火墙	防火墙的概念与主要功能	知道	
		个人防火墙的实施方法	知道	学会
局域网	局域网基本概念	局域网概念与拓扑结构	理解	
		常用传输介质与网络互联	理解	
		网络互连类型与设备	知道	
	组建局域网	协议配置	知道	
		网络连通测试	知道	
互联网及其应用	互联网的基本概念	互联网的发展	知道	
		TCP / IP 协议	理解	
	IP 地址与域名	IP 地址的概念，A 类、B 类、C 类地址	掌握	
		特殊 IP 地址（回环地址、广播地址、私有地址等）	理解	
		域名的组成，域名的管理	掌握	
	互联网的接入方法	拨号接入，宽带接入，无线接入等	理解	
	互联网的应用	Web 浏览，电子邮件，搜索引擎	掌握	比较熟练
		文件传输、远程登录、即时通信	知道	
网站与网页制作	网站与网页的概念	网站与网页的基本概念	理解	
		站点建立	理解	比较熟练
		网页描述语言	理解	
		网页制作工具	理解	
	网页制作	网页中的文字与图片	掌握	熟练
		网页中的多媒体元素	掌握	熟练
		网页中的超级链接设置	掌握	熟练
		网页中的表单设计	掌握	熟练
		表格、框架页面布局	掌握	熟练
		CSS 模式的定义与应用	知道	比较熟练
		网页发布	理解	
网站规划与建设	网站规划与设计	网站规划的基本方法	知道	
		网站设计的基本步骤	知道	

一级知识点	二级知识点	三级知识点	知识认知	技能掌握
网站规划与建设	网站测试与维护	网站测试的方法	知道	
		网站管理的内容	知道	

六、说明

1. 建议学时数：总学时不低于 90 学时。

2. 参考教材：

- 《计算机应用基础教程（2015 版）》（上海市教育委员会组编高建华主编），华东师范大学出版社，2015 年。

- 《计算机应用基础实验指导（2015 版附光盘）》（上海市教育委员会组编朱敏主编），华东师范大学出版社，2015 年。

- 《计算机应用基础学习指导（2015 版附光盘）》（上海市教育委员会组编高建华主编），华东师范大学出版社，2015 年。

附录 B

→ 基础理论知识答案

理论 1. 信息技术

一、单选题

1. C 2. B 3. C 4. B 5. C 6. B 7. C 8. A 9. B 10. B
11. C 12. A 13. D 14. C 15. D 16. B 17. A 18. D 19. A 20. B
21. A 22. C 23. B

二、填空题

1. 信息 2. 数据 3. 转换 4. 五 5. 计算机
6. 转换 7. 法律 8. 保护个人隐私 9. 软件即服务 10. 物联

理论 2. 计算机技术

一、单选题

1. D 2. D 3. A 4. B 5. B 6. C 7. A 8. D 9. A 10. D
11. C 12. B 13. A 14. D 15. D 16. B 17. C 18. D 19. A 20. B
21. A 22. C 23. D 24. B 25. D 26. C 27. B 28. D 29. D 30. C
31. C 32. C 33. D 34. B 35. B 36. D 37. D 38. B 39. A 40. B
41. A 42. B 43. C 44. A 45. C 46. B

二、填空题

1. 8 2. 2 3. 72 4. 256 5. 1024
6. 主存 7. 网络存储 8. 只读 9. 高速缓存 10. 内存
11. 短 12. 喷墨 13. 应用软件 14. 助记符 15. 系统

理论 3. Windows 操作系统

一、单选题

1. D 2. D 3. A 4. B 5. C 6. C 7. C 8. D 9. D 10. D
11. C 12. B 13. C 14. B 15. B 16. B 17. B 18. B 19. D 20. B
21. D 22. D 23. B 24. D 25. C 26. B 27. D 28. D 29. A 30. D

31．D　32．B　33．D　34．B　35．B　36．D　37．D　38．C　39．A　40．D
41．D　42．B　43．D　44．C　45．B　46．A　47．D　48．A

二、填空题

1．任务栏　　　　2．当前/活动　　　3．Aero　　　　　4．桌面
5．层叠　　　　　6．关联　　　　　 7．控制面板　　　8．剪贴板
9．内存　　　　　10．资源管理器　　11．扩展名　　　 12．Ctrl
13．【PrintScreen】　14．超级　　　 15．图标

理论 4．Microsoft Office 2010 应用

一、单选题

1．C　　2．D　　3．D　　4．D　　5．B　　6．D　　7．C　　8．C　　9．B　　10．D
11．A　12．B　13．A　14．B　15．A　16．B　17．B　18．D　19．A　20．B
21．B　22．B　23．A　24．B　25．D　26．C　27．A　28．B　29．D　30．D
31．B　32．A　33．C　34．C　35．A　36．D　37．D　38．D　39．D　40．D
41．D　42．C　43．A　44．A　45．B　46．C　47．A　48．C　49．B　50．B
51．A　52．A　53．D　54．B　55．C　56．D　57．D　58．D　59．D　60．D

二、填空题

1．缩进　　　　2．【Alt】　　　3．【Alt】　　4．四周型　　　5．文件／选项
6．单元格　　　7．相对引用　　8．Count　　 9．编辑器　　　10．fx
11．Xlsx　　　 12．10　　　　 13．节　　　 14．日期和时间　 15．幻灯片母版
16．隐藏幻灯片　17．【Esc】　　18．表格　　 19．退出动画方案　20．动画刷

理论 5．多媒体技术

一、单选题

1．B　　2．D　　3．B　　4．B　　5．C　　6．C　　7．D　　8．B　　9．C　　10．D
11．B　12．D　13．C　14．B　15．B　16．C　17．A　18．A　19．C　20．D
21．D　22．A　23．C　24．A　25．A　26．C　27．A　28．D　29．A　30．B
31．C　32．B　33．D　34．D　35．B　36．D　37．D　38．B　39．D　40．C
41．B　42．A　43．A　44．C　45．B　46．C　47．B　48．B　49．C　50．B
51．B　52．C　53．B　54．C　55．D　56．D　57．B　58．A　59．D　60．D
61．B　62．A　63．C　64．C　65．C　66．A　67．C　68．C　69．D　70．B

二、填空题

1．传递信息　　2．扫描仪　　　3．量化　　　　4．采样频率
5．有损　　　　6．声卡　　　　7．视频卡　　　8．视觉
9．空间　　　　10．时间　　　 11．语音识别　 12．语音合成
13．合成　　　 14．虚拟现实　 15．WAV　　　 16．乐器数字接口
17．MIDI　　　 18．A/D　　　　19．256　　　　20．大

21．矢量图　　　22．矢量法　　　23．矢量　　　24．GIF

25．MPEG 视频

理论 6. 网络通信技术

一、单选题

1．C　2．A　3．C　4．B　5．C　6．D　7．D　8．B　9．C　10．C

11．C　12．C　13．B　14．C　15．B　16．A　17．B　18．D　19．B　20．B

21．B　22．A　23．D　24．D　25．B　26．A　27．B　28．C　29．A　30．A

31．C　32．C　33．A　34．D　35．D　36．B　37．C　38．A　39．D　40．A

41．A　42．D　43．D　44．A　45．D　46．D　47．A　48．B　49．D　50．D

51．C　52．D　53．D　54．A　55．D　56．A　57．D　58．D　59．A　60．D

61．A　62．D　63．C　64．C　65．D　66．D　67．D　68．D　69．D　70．B

71．A　72．A　73．A　74．D　75．C　76．A　77．B　78．D　79．B　80．D

二、填空题

1．通信技术　　2．信道　　3．模拟　　4．Bps

5．电通信　　6．数据通信系统　　7．环境条件　　8．资源子网

9．计算机网络　　10．独立计算机网络　11．局域网　　12．拓扑

13．网络协议　　14．TCP/IP　　15．物理层　　16．总线型

17．交叉连接　　18．Ping 127.0.0.1　19．对等　　20．CSMA/CD

21．无线技术　　22．普通电话线路　23．综合业务数字网络　24．C

25．域名　　26．位置　　27．超文本传输　　28．文件传输协议

29．World Wide Web　30．万维网

理论 7. 网页设计

一、单选题

1．D　2．D　3．B　4．D　5．C　6．B　7．A　8．B　9．C　10．A

11．C　12．D　13．B　14．D　15．C　16．D　17．A　18．C　19．D　20．C

21．C　22．B　23．C　24．D　25．A　26．A　27．C　28．D　29．A　30．A

31．A　32．D　33．B　34．A　35．C　36．D　37．B　38．D　39．D　40．B

41．D　42．B　43．A　44．D　45．D　46．C　47．C　48．D　49．D　50．B

二、填空题

1．HTML　　2．图像　　3．远程　　4．页面属性　　5．像素

6．mailto:　　7．文件　　8．类　　9．已访问链接　　10．td

11．单元格　　12．基线　　13．地址　　14．文字　　15．HTML

附 录 C

→ 模拟试题基础题答案

试 题 1

一、单选题（本大题 25 道小题，每小题 1 分，共 25 分）

1. C　2. A　3. B　4. B　5. A　6. B　7. A　8. B　9. A　10. B
11. C　12. D　13. B　14. C　15. A　16. C　17. C　18. A　19. B　20. A
21. C　22. A　23. B　24. C　25. A

二、填空题（本大题 5 道小题，每空 1 分，共 5 分）

1. 活动或当前　　2. 排练计时　　3. MIDI　　4. World Wide Web　5. 协议

试 题 2

一、单选题（本大题 25 道小题，每小题 1 分，共 25 分）

1. A　2. D　3. C　4. B　5. A　6. B　7. D　8. C　9. B　10. C
11. A　12. C　13. C　14. C　15. B　16. D　17. A　18. B　19. D　20. B
21. D　22. D　23. B　24. C　25. C

二、填空题（本大题 5 道小题，每空 1 分，共 5 分）

1. 显示桌面　　2. 混合　　3. 两端　　4. MIDI 或 MID　　5. 双绞线

试 题 3

一、单选题（本大题 25 道小题，每小题 1 分，共 25 分）

1. A　2. A　3. B　4. C　5. A　6. C　7. A　8. D　9. B　10. B
11. A　12. A　13. A　14. B　15. C　16. C　17. D　18. C　19. B　20. A
21. C　22. D　23. C　24. D　25. D

二、填空题（本大题 5 道小题，每空 1 分，共 5 分）

1. Alt　　2. 插入　　3. 识别　　4. TCP/IP　　5. WWW

试 题 4

一、单选题（本大题 25 道小题，每小题 1 分，共 25 分）

1. C　2. D　3. B　4. C　5. A　6. D　7. A　8. D　9. D　10. D
11. A　12. D　13. B　14. C　15. C　16. B　17. B　18. B　19. D　20. D
21. A　22. D　23. D　24. D　25. A

二、填空题（本大题 5 道小题，每空 1 分，共 5 分）

1. 库　　2. 页面布局　　3. 识别　　4. 广域网或 WAN　5. 报文交换

参 考 文 献

[1] 朱敏. 计算机应用基础实验教程（2015 版）[M]. 上海：华东师范大学出版社，2015.

[2] 高建华. 计算机应用基础学习指导（2015 版）[M]. 上海：华东师范大学出版社，2015.

[3] 程雷. 计算机应用基础实训指导[M]. 大连：大连理工大学出版社，2013.

[4] 武马群. 计算机应用基础实训指导[M]. 北京：高等教育出版社，2014.

[5] 李雪. 计算机应用基础上机实验与习题集[M]. 3 版. 北京：中国铁道出版社，2015.

[6] 詹朋伟. Photoshop CS5 图像经典创意案例[M]. 长春：东北师范大学出版社，2012.

[7] 何武超. Flash CS6 动画制作实例教程[M]. 2 版. 北京：中国铁道出版社，2014.

[8] 潘强. Dreamweaver 网页制作标准教材（CS4 版）[M]. 北京：人民邮电出版社，2011.